動物保護入門

ドイツとギリシャに学ぶ共生の未来

浅川千尋　有馬めぐむ

世界思想社

はじめに

動物保護は、なぜ必要なのだろうか。動物を保護することに時間とお金をかけるのだったら、もっと人間を保護することに時間とお金を回すべきではないかという疑問を持つ人もいるであろう。しかし、人間が幸せに暮らしているとされる社会でも、動物が殺害されたり虐待されたりしていたら、その社会で本当に「人間は幸せに暮らしている」といえるだろうか、動物も保護されている社会でこそ、人間は幸せに暮らしているといえるのではないか、と思うのである。同じ社会で暮らすものどうし、人間も動物も共に幸せな生活ができるようにしていくべきであると考える。

もちろん、こういう考えに対しては、そんなのは理想論である、人間は動物を食べてしまうではないか、動物実験で動物を利用して苦しめているではないか、動物の犠牲のうえに成り立っているのが人間社会ではないかという疑問を持つ人もいるかもしれない。この疑問に対しては、即座に万人が納得のいく回答が用意できるわけではないし、何かひとつの正解があるわけでもない。

本書は、多くの人にとって身近な犬猫との共生を中心に、動物保護をめぐるさまざまな問題（殺処分、動物実験、肉食など）へと視野を広げ、疑問を持ち、考えてもらうことを企図した動物保護の入門書である。私たちが長年注目してきたドイツとギリシャの動物保護事情を紹介し、日本の動物保護の在り方を問い、人間と動物の共生を多くの人に理解してもらうことをめざして執筆した。

確かに、近年日本では、「犬猫の殺処分ゼロ」を実現していこうというアクションが活発に行われている。環境省や自治体だけでなく、民間の動物保護団体の取り組みも盛んに行われている。滝川クリステルさん、杉本彩さん、浅田美代子さんなどの有名人の多くも、この種の取り組みに積極的にかかわっている。国会議員のなかにも「犬猫の殺処分ゼロをめざす動物愛護議員連盟」という超党派の団体があり、この活動を推進している。戦後、日本で動物保護に関する法律は議員立法で制定され、議員立法で法律の改正も行われてきている。その意味では、行政、動物保護団体、市民、有名人、政治家が共同で動物保護に取り組んでいるともいえる。「日本って動物保護でもすごいんだ！」といえそうな気がする。

しかし、現実は「動物保護先進国」ドイツなどと比べると、いろんな面で遅れているといわざるを得ない。たとえば、ドイツでは実効性のある本格的な動物保護法が存在しており、動物実験の規制、動物に関係する仕事に従事する者（動物取扱業者など）や施設（動物園など）への法的規制が行われている。ティアハイム（Tierheim）と呼ばれる保護施設が全国にあり、捨てられた動物が保護されている。ドイツでは、原則、「犬猫の殺処分ゼロ」が実現しているのである。

二〇〇四年にアテネオリンピックを経験したギリシャでは、その前年、街を歩き回っている野犬をどうするのか、大きな議論になった。「殺処分せざるを得ない」という声も一部であったが、アテネ市が犬たちを捕獲し、不妊・去勢手術や訓練を行った後、元の場所に戻すという方法で保護、管理することとなった。この「殺処分ゼロ」を実現したユニークな野犬保護プログラムは、日本でも参考にできる取り組みであり、オリンピックを控えたアテネにおいて、このプログラムがどのように進められていったのか、第4章で詳しく紹介していきたい。

ギリシャはかつて、ドイツや英国など他の欧州の動物保護先進国ほど、動物保護に関する明確な法的規制や整然としたシステムが構築されている国ではなかった。しかし二〇一二年の法改正で、動物虐待の罰則や飼い主の義務が具体的に示され、規制が強化された。欧州で初めて、サーカスでのすべての動物の使用を禁じた法律が制定された国でもある。この急激に進化する「動物保護新興国」ギリシャは、未曾有の財政危機のなか、固定観念にとらわれない柔軟な方法で、動物保護を進めている。

日本では、「動物愛護」という表現が用いられる傾向が強い。それに対して、欧州などでは「動物保護」という言い方をする。この違いはどこにあるのか、かなり難しいテーマである。神里彩子は、人間と動物との違いを前提にして人間が動物を保護の対象にしていると考えるのが欧州であり、日本の動物愛護は人間と動物との連続性・相互性を認めたうえで愛護という言葉が含む「かわいがる」気持ちに重点があると指摘している（「イギリスと日本における動物実験規制――動物観から見た法制度設計」城山英明・西川洋一編『法の再構築3　科学技術の発展と法』東京大学出版会、二〇〇七年）。本書では、このあたりの詳細な議論は行わないが、「動物愛護」も含め、動物を保護の対象とすることを意味する用語として意識的に「動物保護」を用いている。

また、本書では、犬を含む犬より大きな哺乳類を「頭」、小さな哺乳類を「匹」で数えているが、両方に同時に言及する場合は基本的に「匹」を用いている。

本書は共同執筆の形をとっているが、第1～3章の原案を浅川が、第4章を有馬が書いている。出版までには、長い道のりがあった。途中でくじけそうになったこともあったが、動物保護への強い思い・情熱が、困難な状況を乗り越えさせてくれた。私たちの執筆を奮起させてくれたのは、日本で、ドイツで、そしてギリシャで、動物保護のために日々活動する人びとであった。それらの人びとに心から敬意を払い、無償のボランティアをされている人びとへ、感謝の気持ちを捧げたい。本書が日本の「犬猫の殺処分ゼロ」を実現し、動物保護を向上させるために、少しでも役に立つことができれば幸いである。

資料などでたいへんお世話になった日本の動物保護団体「PEACE」、「アニマルライツセンター」、見学・インタビューを許していただいたベルリン・ティアハイム、ミュンヘン・ティアハイム、ハンブルク・ティアハイム、アテネ市の動物保護プログラムについて、インタビューを受けてくださった動物保護課のアナスタシア・マルカドナトゥ（Anastasia Markantonatou）博士と職員の皆さん、アテネオリンピック以前から現在に至るまでのギリシャの動物保護の状況を詳しく語ってくれた獣医のイオアニス・グリノス（Ioannis Glynos）さんに感謝の意を表したい。

浅川千尋・有馬めぐむ

目　次

第2章　日本の動物保護

第3章　ドイツの動物保護

第4章　ギリシャの動物保護

第1章

動物保護の現在と未来

動物虐待で刑事告発された栃木県の犬猫販売業者の犬舎
（2016年１月16日，公益社団法人日本動物福祉協会撮影）

1　動物保護をめぐる日本の現状

日本の動物保護をめぐる問題は、多様である。犬猫の殺処分とその背後にあるペット産業の在り方、動物実験の正当性、畜産動物の輸送・飼育・屠殺、毛皮問題、動物園・水族館における飼育・展示、サーカスでの動物使用……。こうしたさまざまな問題のなかから、ここでは「犬猫の殺処分」と「動物実験」にスポットを当て、これらをめぐる現状と課題から、日本の動物保護の問題を考えていきたい。

ペットとビジネス

二〇一六年時点で、犬猫ともそれぞれ約一〇〇〇万匹も飼われている（一般社団法人ペットフード協会ウェブサイト「全国犬猫飼育実態調査」）。このように、多くの市民が、多くのペット（家庭動物）を飼っている社会自体は、人間と動物との関係性が悪くはない社会といえる。いや、むしろ素敵な社会といえるかもしれない。しかし、ペットがどのような過程を経て市民に届けられるのか、どのような飼われ方をしているのか、どのような生活を送っているのかに目を向けると、そうとも言い切れないのである。

たとえば、近年、猫ブームによる販売数の増加が続いているが、それにともないさまざまな問題が生じる恐れがある、とある新聞記事は警鐘を鳴らしている（『朝日新聞』二〇一七年一月一三日）。ペット業界では、子猫がペットショップなどで高い値で仕入れられ、販売されているが、その背後には母猫の健康を考えずに何度も繁殖させる「ブリーダー」という業者がいて、遺伝性疾患がある子猫まで取引されているという。販売数急増の陰で、健康を害した猫が増加する危険性があるのだ。遺伝性疾患か否かを問わず、行き場を失った猫が「殺処分」へとつながっている可能性については、これまでにも指摘されてきた。殺処分を減らす取り組みがあるにもかかわらず、事実、猫の殺処分はあいかわらず高い水準にとどまっている。

犬はどうであろうか。犬ビジネスの闇を明らかにしたのが、この問題を一貫して追ってきた太田匡彦の『犬を殺すのは誰か――ペット流通の闇』（朝日文庫、二〇一三年）である。彼は、動物愛護センターを取材し、捨てられた犬、センターに持ち込まれた犬などが「殺処分」されている厳しい現実を描いている。「なぜ、毎年数万匹単位の犬たちが各自治体で、そして闇で、殺されつづけなければいけないのか？　そこには構造的な問題があるのではないか？」と問いかけ、犬の殺処分の問題を追及している。太田の著書は、犬が捨てられている現状は、飼ったら動物を捨てないで一生面倒をみましょうというような個人の意識の徹底によってのみ改善されるものではなく、構造的につくられている問題の根本を見なおさなければ現状は変わらないというショッキングな事実を暴いている。

私は、この本を読んで日本のペットが置かれている現状に驚愕し、流通過程の闇には強い怒りを覚えた。この闇をさらけ出しそこを規制していかないと、いくら「殺処分ゼロ」のキャンペーンをしても問題は解決できないと感じた。こうした問題意識から、本書は意図的に、社会のルールを明文化した法律の紹介・議論に紙幅を割いている。

流通過程を知ろう

先に挙げた太田の著書では、ペットショップやブリーダーという動物取扱業者のうち、悪質な業者による遺棄や行政（動物愛護センターなど）への持ち込みが相当数あることが指摘されている。行政はこれまで、売れ残った動物でも引き取らざるを得ず、これが殺処分の温床となっていた。

動物の愛護及び管理に関する法律（動物愛護管理法）の二〇一二年改正では、業者などからの引き取りを行政（各自治体）が拒否できるようになり、業者は行政に動物を持ち込めなくなった。その結果、統計上は「殺処分」される犬猫の数が減ることにつながる。これは、はたして改善といえるのであろうか。売れ残った犬猫は、どこへ消えたのであろうか。

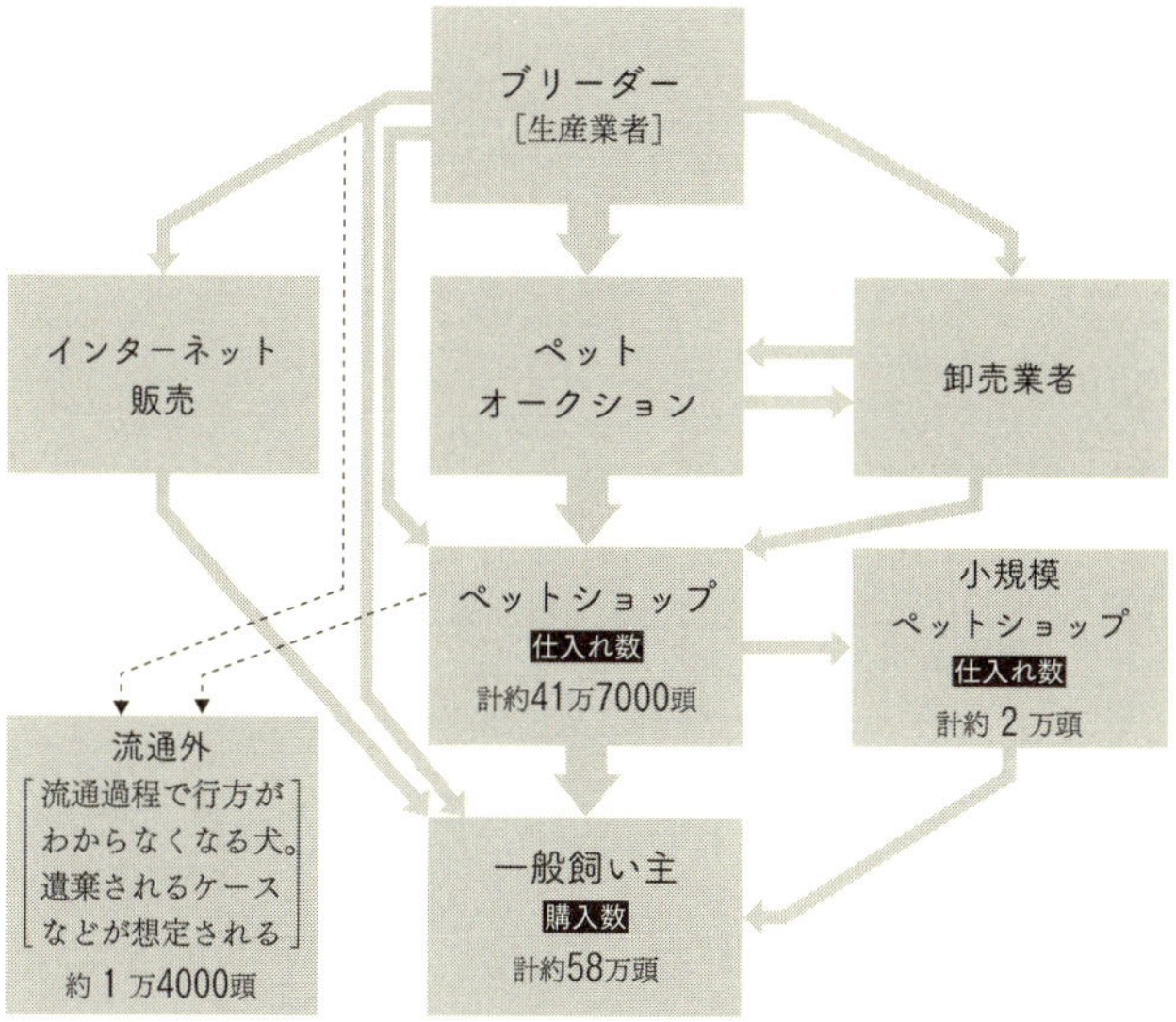

図1－1　犬の流通・販売ルート

（注）推計流通総数は，約59万5000頭。2008年に流通した犬の流通・販売パターンと流通総数について，環境省が推計したデータをもとに，太田が独自取材を加えた（『犬を殺すのは誰か』より）。

この問題を考えるうえでは、ペットがどういう過程で流通しているのかを知る必要がある。もっとも問題となるのは、子犬などの「オークション（競り市）」の存在である。ペットショップの多くは、このオークションで子犬などを手に入れる。太田が指摘しているように、何十万頭の犬がオークションを媒介にして、ブリーダーからペットショップ・飼い主へ流通している（図1―1）。

日本の動物取扱業者は、登録制であり、動物に関する知識や資格がなくとも誰でもなれる仕組みである。悪質な業者は、何回も繁殖をさせて子犬をモノのように〝大量生産〟し、売れ残った子犬は、動物愛護センターや保健所へ持ち込んでいた。行政に持ち込めなくなると、「引き取り屋」と呼ばれる業者に持ち込んだり、大量遺棄するという犯罪行為を行ったりする業者もいた。また、狭い空間で大量の犬を収容するなかで、病気にかかる犬、死亡する犬、虐待を受ける犬もいた。ここでは、「動物保護」や「動物の命を大切にする」という感覚などなく、いかに売りさばき儲けるかというビジネス感覚が支配している。

二〇一六年五月二六日に放映されたＮＨＫの「クローズアップ現代＋」でも、ペット流通の問題が取り上げられた。それによると、犬猫を合わせたペット市場の規模は年間一兆四千億円にもなるという。最近の出版業界の市場規模と同程度であることと比較すると、いかに巨大な市場なのかがわかるであろう。

「引き取り屋」について、「「商品」になれなかった犬猫たち　闇の犬猫「引き取り屋」」（『DAYS JAPAN』二〇一六年一一月号）でも、その実態が取材・報告されている。ペットショップなどで売れ残った犬や猫が「引き取り屋」に安価で買い取られ、劣悪な環境の下で飼育・監禁されている現実が明らかにされている。二〇一六年五月、栃木県の犬猫販売業者が、動物愛護管理法で定められている虐待罪で公益社団法人日本動物福祉協会から刑事告発された。狭い空間に閉じ込め、食事も与えず、病気にさせたことが虐待と見なされたのだ。保護された犬猫の多くは、不衛生な狭いケージ（檻）で飼育されており、病気にかかっているものが多かったという。この業者は、ブリーダーから売れ残った犬猫を安価で買い取り、繁殖犬として使えそうな犬は他のブリーダーに売ったり、「競り市」に出したりしていた。しかしこれは、氷山の一角であろう。

殺処分ゼロ目標の罠

日本では、犬猫に関して何歳から繁殖させていいか、一匹につき何回まで繁殖させていいかなどの繁殖制限がなく〝大量生産〟され、売れ残りや〝不良品〟が出てくる。すでに述べたように、動物愛護管理法の改正で行政が引き取りを拒否できるようになった。そこで、「引き取り屋」が暗躍できるチャンスが登場するのである。「法改正では本来、大量生産を生み出すペット流通の仕組みも見直す必要がありました。にも関わらず、そこにメスは入らなかった。いくら殺処分ゼロを訴え、引き取り業者を取り締まっても、締められていない蛇口から流れ落ちる水をすくうようなものです」と公益社団法人動物福祉協会の町屋奈《ない》は指摘している（『DAYS JAPAN』二〇一六年一一月号）。

環境省などが呼びかけ始めた「殺処分ゼロ」目標が、行政（各自治体）にプレッシャーを与えているという指摘もされている。数字が独り歩きして、目標が自己目的化している。結果としての殺処分数を減らそうと、行政においては「引き取り自体を過剰に拒否する傾向も増えている」（『DAYS JAPAN』二〇一六年一一月号）。また、収容能力を超えているのに、行政から犬猫を引き取っている動物保護団体・シェルターも増えている。

殺処分ゼロ目標を否定する者はいないであろう。しかし、これまで行政に持ち込まれてきた犬猫の受け皿は整備されているのであろうか。引き取りを拒否された犬や猫は、結局「引き取り屋」に引き取られて過酷な運命を待つことになる。こうした日本の犬猫の流通過程を見なおさなければ、本当の意味での「殺処分ゼロ」とは言いがたいであろう。

動物実験をどう考えるか

犬猫の殺処分とともに日本で議論となっている問題に動物実験がある。従来、動物実験推進派と実験否定派との厳しい対立構造がある。実験を推進する研究者や製薬会社などは、とくに人類の健康保全・推進のためには動物実験が不可欠であると主張している。実際に、医薬品・医療技術の開発・発展によって多くの人間が救われてきたことも事実である。その一方で、動物実験は本当に必要なのか、動物と人間は構造上異なっているのに、動物実験で新薬の有効性・安全性が証明されてもそれをそのまま人間にあてはめられるのか、動物実験の先には必ず人体実験が待っている、といった批判がある（野上ふさ子『新・動物実験を考える――生命倫理とエコロジーをつないで』三一書房、二〇〇三年）。

野上ふさ子が批判してきたことは多岐に渡るが、大量の薬品を生産・消費する社会が大量の動物実験を生んでいる現実、研究者の実験至上主義（成果至上主義）が大量の動物実験を生み出す構造となっていることを告発している。そして、動物実験代替法・代替医療を進めていくことで、動物実験を廃止していくべきだと提案している。

この議論について、どう考えていくべきかたいへん難しいテーマである。ドイツやEU（欧州連合）では、動物実験の代替法の開発を推進し、将来的に動物実験を廃止していく方向性を打ち出している。近年の再生医療などの先端医療技術の進展は、こうした代替法の開発に寄与するものとみられている。ここでは、動物実験において日本が自主規制の立場をとっていることに関して、いくつかの問題点を指摘するにとどめたい。

法的規制がない動物実験

日本では、各省庁のガイドライン、日本学術会議のガイドラインにもとづいて、実験施設が内部規程を設けて動物実験をしている。そのため、外部の者が確認することも難しく、そもそもどれくらいの動物実験がどのように行われているのかは、関係省庁ですら十分に把握しているわけではない。あくまでも、実験施設が自主的に管理しているにすぎない。

その結果、たとえば、いくつかの大学の動物実験施設で問題が発生している。最近の例では、山口大学で動物実験（犬の解剖実習）の計画書が必要なのに、計画書の提出がなく実験が行われていたということが指摘されている（動物保護団体PEACE「活動報告ブログ」、二〇一七年二月四日投稿）。また岐阜大学では実験施設の老朽化が問題となっている。この施設の老朽化などによって、実験動物が劣悪な環境の下におかれ、病気にかかっている例も報告されている（PEACE「活動報告ブログ」、二〇一七年二月五日投稿）。

日本動物実験学会と日本動物実験協会が、それぞれ数年に一度、アンケート調査で実験動物の飼育数と販売数を調べている（表1―1）。それによると、飼育数は約一一三〇万、販売数は約五三七万であり、ここから相当数の動物実験が行われていることが推測できる。一方、EU全体で動物実験に使用された数は、約九三八万である。通常、使用数は飼育数より少なく、販売数より多いだろう。しかし、日本の人口が一・二六億人（二〇一三年）であるのに対し、EUは五・〇三億人（二〇一一年）である。人口千人当たりにすると、日本の販売数は四三、EUの使用数は一九で、日本の販売数がEUの使用数を優に上回る。また、飼育数についても、回答率が六七％であることを考慮すると、日本での動物実験がいかに多いかがわかるだろう（地球生物会議ALIVEのウェブサイト「実験動物って何？　Q&A」）。

再度確認しておきたいのは、日本では、実験者、実験施設、実験計画などに関して、法的な規制

表１－１　実験動物に関する統計

動物種	日本の飼育数（2008年６月～2009年５月）アンケート回答率67％	日本の販売数（2013年４月～2014年３月）アンケート回答率98％	EU27カ国の使用数（2011年）旧EU指令に基づく統計
マウス	9, 533, 781	3, 962, 028	6, 999, 312
ラット	1, 363, 612	1, 220, 645	1, 602, 969
モルモット	198, 075	101, 042	171, 584
ハムスター	49, 002	13, 039	25, 251
その他げっ歯類	81, 991	2, 081	28, 465
ウサギ	50, 230	59, 803	358, 213
イヌ	8, 995	6, 440	17, 896
ネコ	1, 098	554	3, 713
サル類	10, 149	2, 966	6, 095
ブタ	1, 507	2, 806	77, 280
ヤギ	316	36	2, 907
ヒツジ	538	18	28, 892
その他哺乳類	4, 669	268	53, 010
哺乳類合計	11, 303, 963	5, 371, 726	9, 375, 587

（日本動物実験学会『実験動物ニュース』59(2)（2010年）http://www.jalas.jp/journal/59-2.pdf，日本実験動物協会「実験動物の年間（平成25年度）総販売数調査」http://www.nichidokyo.or.jp/pdf/production/h25-souhanbaisu.pdf，地球生物会議 ALIVE「EU の統計にみる動物実験――日本でも EU に倣い，動物実験の情報収集・公開を！」http://www.alive-net.net/animal-experiments/eu-statistics_alive115/index.html）

がなく「自主規制」に委ねられているということである（表１－２）。せめて、関係省庁がどれくらいの動物実験がどのように行われているのか把握するシステムを構築することが必要であろう。これは、実験施設の設置を届出制にして報告義務を課せばできることである。そのうえで、その情報を国民に公開すべきである。まずは、ここから出発しないと正当な議論がしにくい。

また、化粧品などの開発のための動物実験は、日本では規制されていない。ドイツなどでは、法的に禁止されている。

表１－２　実験動物に関する法規制の比較

	EU	アメリカ	オーストラリア（ビクトリア州）	韓国	日本
実験者	許認可	（訓練義務）	登録	（要件記載）	なし
実験施設	許認可（機関単位）	登録	免許	登録	なし
実験計画	許認可	あり	あり	あり	なし
繁殖・販売業者	許認可	免許	免許	登録	なし
外部査察	あり	あり	あり	あり	なし
委員会	あり	あり	あり	あり	なし
教育・訓練	あり	あり	あり	あり	なし
記録	あり	あり	あり	あり	なし
罰則	あり	あり	あり	あり	なし

（注）EU の法規制は，加盟国が自国の法律に EU 指令の内容を反映させることを求めている。2013年１月１日から適用されているが，加盟国のなかではまだすべての内容を反映できていない国もあると推察される。日本の環境省告示「実験動物の飼養及び保管並びに苦痛の軽減に関する基準」や文部科学・厚生労働・農林水産省の「動物実験等の実施に関する基本指針」には，実験計画，委員会，教育訓練，記録等に関する規定があるが，これらは法的拘束力を持たない（地球生物会議 ALIVE「日本と海外の法規制の比較」http://www.alive-net.net/animal-experiments/jikken-Q&A03_201505.pdf）。

「ＥＵでは全廃、日本は禁止規則なし」（『DAYS JAPAN』二〇一六年一〇月号）によれば、日本では化粧品や薬用化粧品のために、ウサギなどを用いた動物実験が行われてきた。たとえば、シャンプー剤の毒性・安全性をテストするために、ウサギを固定し、目に薬品を入れるのであるが（ドレイズ試験）。この動物実験によりウサギは、目が充血したり、目から出血したり、失明するケースもあるという。世界では、「美しさのために犠牲はいらない」という合言葉にもとづいて、化粧品のための動物実験を禁止することが潮流となっている。

近年は、日本でも動物保護団体の反対運動によって、大手化粧品会社は動物実験を中止・廃止せざるを得なくなっている。そして、動物を用いない試験法が確立してきている。とはいえ、いまだ全廃には至っておらず、この化粧品のための動物実験に関しても何らかの法的規制が必要であるといえよう。

2　動物との関係をどう考えるか

日本の動物保護における二つの問題をみてきたが、そもそもなぜ動物を保護する必要があるのだろうか。人間と動物の関係は、どう考えていくべきなのであろうか。「人間中心主義」とはどんな考え方なのか、これに代わるべき「動物の権利」論、「動物の福祉」論とはいかなるものか説明しよう。

動物＝物？

人間は動物の一部であり、下等動物から進化して人間が誕生したことは進化論で証明されている。では、人間と動物はどこが違うのであろうか。これまでは、人間は悲しみ、喜び、怒りなどの感情があり、痛みや苦しみがわかる感覚を持ち、他者とコミュニケーションし思考することなどによって他の動物とは違うのだと考えられてきた。人間は、地球を開発し、道路・車・空港・飛行機・建物などを創造し文明を発展させ、地上界を支配してきた。その際に動物は、人間の「物」とされ、人間のために役立てられた。

狩猟文化では、動物は食物や人間の手足となる物（たとえば狩猟犬）として利用され、農耕文化では、人間の作業を補助するために馬や牛などが使用された。ペストが流行った中世ヨーロッパでは、ネズミ退治のために猫が重宝された。日本の騎馬隊、ヨーロッパの騎士団にとって、馬はきわめて重要な物であった。牛車や馬車という交通手段としても、動物は人間のために利用されてきた。食文化では、肉食が世の中を席巻し、ファッション界では、あいかわらず動物の毛皮が使用されている。

このように、動物は「物」として人間に利用される存在であり、それが当然だと考えられてきたのである。そして、法制度や権利は、人間のために存在するのであって、動物はあくまでも人間が保護する対象にしかすぎないと考えられている。こうした考え方を人間中心主義という。この人間中心主義からは、「動物の権利」という発想は出てこない。

しかし、その一方で日本の仏教思想などでは、「輪廻転生」「殺生しない」という教えがあるように、人間と動物の相互関係を認める発想や「人間も動物も共に命ある存在」という発想もある。ここには、人間中心主義とは異なる考えが生じる余地がある。つまり、「人間中心主義を超える」思想が生まれる可能性を秘めている。

「動物の権利」論

ここでは、動物法の第一人者である青木人志と法理学者である嶋津格のまとめを参考に、動物の権利論を紹介していく（青木人志「アニマル・ライツ――人間中心主義の克服？」愛敬浩二編『人権の主体』法律文化社、二〇一〇年／嶋津格「動物保護の法理を考える」『法律時報』八八（三）、日本評論社、二〇一六年）。動物も人間と同じように権利を持っているというのが、動物の権利論の主張である。動物の権利論を主張する現代の代表的な論者として以下の三人が有名である。

まず、動物の権利論といえば、多くの者はピーター・シンガーの理論を挙げるであろう。彼は、オーストラリア出身でアメリカの大学で教鞭を執っている。専門は応用倫理学で、功利主義の立場から倫理に関する問題をあつかっている。つまり、動物の幸福を社会の最大目的とする倫理から動物保護を考えている。彼の著書である『動物の解放』（改訂版、戸田清訳、人文書院、二〇一一年）は、動物の権利論やベジタリアンの理論的根拠としてきわめて

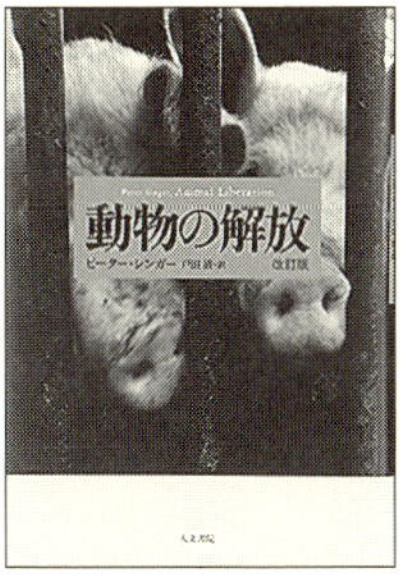

『動物の解放　改訂版』
ピーター・シンガー
人文書院

有名である。彼の理論のキーワードは、「種差別」「動物解放論」である。動物は、「種」として差別されないのであり、動物を苦しめている動物実験や肉食などから解放されなければならないと彼は説く。しかし、シンガーは、「動物の権利」という用語は用いておらず、功利主義の立場から、動物に対する不当なあつかいを、人種差別や性差別と同様に種差別ととらえ、それを批判する。そして、個々の利益に配慮した平等を主張する。動物も人間と同じように「苦痛」を感じる能力があるゆえ、人間と同様に配慮されなければならないし、不当なあつかいを受けてはならないのである。すなわち、動物にも平等原則が保障されると考えるのである。

次は弁護士のスティーブン・ワイズである。ワイズは、人間のような認知能力を持つチンパンジーなどの類人猿に権利（とくに身体の尊厳）が保障され、裁判所に訴えることができるよう認められるべきであると主張する。人間のような認知能力・コミュニケーション能力や感情を持つチンパンジーなどの類人猿には、人間と同様に権利が保障されるというのである。

三人目は、ワイズと同じように動物の感覚・認知能力などに着目して、動物も「生の主体」であり権利を有すると説くトム・レーガンである。もちろん、権利といっても、選挙権が動物に保障されると考える者はいないであろう。ユネスコの「動物の権利の世界宣言」（一九七八年）では、動物は「生命の前に平等に生まれ、同等の生存権をもつ」「尊敬される権利をもつ」「虐待され、残虐行為の対象とされない」などが挙げられている（青木人志『動物の比較法文化——動物保護法の日欧比較』有斐閣、二〇〇二年）。このような権利は、動物にも保障されると考えるのである。

「動物の福祉」論

「動物の福祉」論は、動物に人間と同様に権利が保障されるべきだとは見なさない点で「動物の権利」論とは異なる。ここでは、動物の福祉論を動物の権利論と対比させながら、できるだけわかりやすく紹介していくことにしたい（上野吉一・武田庄平編『動物福祉の現在――動物とのより良い関係を築くために』農林統計出版、二〇一五年）。

動物の福祉論の考え方の端緒は、イギリスで動物実験のための「三Rの原則」が提唱されたことである。「動物福祉のための大学連合」の支援で行われた研究で、イギリスの研究者たちは動物実験の見なおしを提唱したが、その考え方が元になっているとされる。三Rの原則とは、Reduction（動物実験をできるかぎり削減すること）、Refinement（実験をする場合にはできるだけ動物に苦痛を伴わない方法で行うこと）、Replacement（動物実験に代替できる方法があるときはそれを用いること）である。動物の福祉論では、動物実験自体は否定されていないが、動物にできるだけ苦痛や精神的肉体的負担をかけないということに主眼が置かれている。

また、動物の福祉論では、「五つの自由」が提唱されている。「飢えと渇きからの自由」「不快からの自由」「痛み、障害、病気からの自由」「正常な行動を表現する自由」「恐怖と苦痛からの自由」である。動物の福祉論では、畜産動物や動物実験などで動物を人間が利用することは許されると考えられている。ただし、できるだけ苦痛などを伴わない方法が用いられなければならないし、動物が生きている間は、快適な生活を送ることができるように人間が配慮しなければいけないということになる。この思想的背景には、幸福を重視する功利主義的な価値観があるという指摘がされている。

動物の権利論は、前述したように「動物にも権利がある」という主張であり、人間が動物を利用することは原則許されないことになる。すなわち、肉食禁止、動物実験の禁止などが主張される。

しかし、現実の社会で動物を利用しないで人間は生きていけるのか、なかなか難しい問題である。たとえば肉食の禁止ということになれば、動物性蛋白質などの栄養をどう摂ったらいいのかという問題にぶつかる。食文化として「肉食禁止」を市民に強制できるのかという論点に至る。また、動物実験を全面禁止して医学の発展を妨げることにならないかという疑問も提起されるであろう。もちろん、動物性蛋白質などの栄養は他の方法で摂取可能であるという見解もあれば、動物実験によらなくても医学の発展を維持できるという立場も唱えられているが、まだ多数説とは言いがたい。

このような問題に対して、動物の福祉論はより柔軟に人間が動物を利用することを認めており、肉食や動物実験も全面的には否定していない。

こうした違いはあるが、動物の福祉論と権利論どちらの立場からも、動物が生きている間は快適で幸福な生活ができるようにすべきであると考えられている。したがって、対立する理論というより相互補完する理論だと考えるべきである。

動物保護と法制度

近年では、アメリカ合衆国においてロー・スクールの講義や演習で「動物の権利」が取り上げられている（サンスティン、C. R.／ヌスバウム、M. C. 編『動物の権利』安部圭介・山本龍彦・大林啓吾監訳、尚学社、二〇一三年）。そのなかにおいても、シンガー流の功利主義にもとづく動物解放論・動物権利論からワイズのように動物も人間と同様の感覚・認識能力などを持つゆえに権利を有すると考える理論までさまざまな見解が紹介されている。

また、人間には権利があり動物は人間の物である、といった二元論（ある事象を、対立する二つの原理や要素に基づいてとらえる見方）にはゆらぎが生じている。たとえば、一九八八年にオーストリア民法で、また一九九〇年にドイツ民法で「動物は物ではない」という条文が定められた。たしかに、この規定から、動物は人と同じ地位を有するという解釈まで導き出すことはできないが、動物はたんなる「物」ではなく「特別な存在」とされていることは明確だ。ドイツでは、九〇年代後半にドイツ憲法へ動物保護規定の導入をめざした草案で、緑の党／同盟九〇（「動物の権利」を主張している）や民主的社会主義党が、裁判所へ訴える権利を動物保護団体に認めるべきであることを提案していた（浅川千尋『国家目標規定と社会権――環境保護、動物保護を中心に』日本評論社、二〇〇八年）。

フランスでは、動物に法人格があり、これを拠り所に訴訟を提起できるという見解もある。法人格とは、権利・義務を持つことができる資格である。たとえば、人間だけでなく企業・会社は、財産権を認められている。これと同じように、動物にも権利が認められるということになる。あるいは、刑事訴訟法では、裁判所へ訴える権利が動物保護団体に保障されている。このような法制度・理論の下で限られた範囲なら「動物の権利」を語ることは可能であろう。

しかし、その一方で法学の世界では、あいかわらず「人間と動物との二元論」を克服することは難しいという現状がある。したがって、一般的にはいまだに人権は、当然人間だけにしか保障されないと考えられている。あるいは、「動物に権利が保障される」とは考えられにくい。その理由として、人間、個人の尊重、個人の人権を定めている憲法から動物の権利を認めることは、人間・個人と動物との関係を曖昧にしてしまい、場合によっては人間・個人を動物並みに引き下げてしまうという主張が支持されているからである（藤井康博「動物保護のドイツ憲法改正（基本法二〇a条）前後の裁判例」『早稲田法学会誌』六〇（二）、二〇〇九年）。日本も含めて法学の世界では、人権（権利）はあくまでも人間にだけ保障されるものであり、動物にも拡大または拡張されるべきであるという主張はまだ受け入れられていない。

3　人間中心主義は克服できるか

ここでは、ドイツの議論を参考にして、人間中心主義の立場とそれを克服しようとする立場をみていくことにする（『国家目標規定と社会権』）。

ドイツ憲法における人間中心主義

人間中心主義の立場では、憲法・法制度は人間のためにあると主張される。主に「人間の尊厳は不可侵である。これを尊重し、かつこれを保障することは、すべて国家権力の義務である」とするドイツ憲法第一条第一項の「人間の尊厳」と、「人間の尊厳、人権の核心、国民主権、権力分立、民主主義などは変更されない」とする第七九条第三項の「憲法の基本原則」から、憲法・法制度は人間のためにあると主張している（高田敏・初宿正典編訳『ドイツ憲法集（第７版）』信山社出版、二〇一六年）。つまり、憲法で定められている「人間の尊厳（人間が個人として尊厳を持った存在としてあつかわれる）」「人権」「国民主権」というような原則・価値は、あくまでも人間のために存在理由があるということになる。

法学研究者のアストリット・エピネイは、「動物保護」とは、人間の利益との関係で動物が保護されることであると考えている。動物保護は、人間の行為に対する倫理的ミニマム（最低限守らなければならない倫理）とはなるが、人間との関係で動物が保護されるのであると主張している。したがって、「動物それ自体が保護される」ということは考えられない。

また、さらに厳格な人間中心主義も唱えられており、その代表的研究者としてルペルト・ショルツの見解を紹介する。彼は、動物が人間の共生物であるという考えは、倫理学や動物倫理において使用されるものであり、そこからは法学的意味は引き出せないと主張している。そのうえで、こう強調する。ドイツ憲法第一条第一項の「人間の尊厳」は、憲法の最高価値であり人間だけが権利を有する。憲法論議にとって、共生物という意味での動物保護を承認し動物に権利を認めるような国家目標規定「動物保護」（憲法第二〇a条）は、憲法第一条第一項および第七九条第三項に反している。要するに、彼によれば、憲法（法制度）は人間のために存在するのであり、人間の利益を保障するためにある。動物保護規定から、動物に権利があるということや動物それ自体の保護を引き出すことは人間の尊厳という憲法の最高価値に反することになるのである。

人間中心主義の克服をめざして

これに対して、人間中心主義の克服をめざす見解をみていくことにする。法学研究者であるスザンネ・ブラウンは、「動物保護」が憲法へ導入されたことによって、環境保護も含めて人間中心主義的理解から離れるべきであると結論づける。すなわち、憲法改正をした立法者（国会）は、動物保護という概念によって、一般的で広範囲な動物の保護を定めたことになる（ドイツでは憲法改正は国会で三分の二以上の賛成があればできる。日本のような国民投票はない）。この広範囲な個々の動物の一般的保護という定式は、特別な意味を有する。

これまでの憲法の理解からすれば、人間が生きていくための条件としての動物保護は憲法でも保障されているのであるから、人間中心主義的見方からすれば、憲法改正は不必要なはずである。たとえば、畜産動物の保護は、最終的には人間が肉を食べて生きていくためのものである。それなのに、あえて憲法に動物保護規定を導入した憲法改正立法者（国会）の意図は、動物保護の範囲を量的にも質的にも拡張したかったからということになる。したがって、ブラウンによると、動物保護は、人間中心主義的理解ではなく生態系中心主義的理解（人間も動物も環境も生態系の一部であるという理解）に基礎づけられる。

人間中心主義に対抗する代表論者であるヨハネス・カスパーは、動物保護規定が憲法に導入されたことによって、憲法は、パトス中心主義（痛感主義）による動物保護に向かうべきことを提唱している。この考えは、痛みや苦しみの感覚がある動物にも権利が保障されるべきであるという「動物の権利」論の立場のようである。しかし、カスパーは厳格な立場ではなく、人間と動物とは同位でないということを前提として、人間に準じて動物にも一定の権利が認められると主張している。

この議論は、妥協できる点があると考えられる。妥協点は、「動物それ自体も保護される」という点と、人間の尊厳は動物を尊重し保護するという内容も含んでいるという点である。このような妥協点からは、人間とまったく同じように動物に権利が保障されるということまでは引き出されないばかりか、人間と動物は、法的に同位ではないという点で、人間中心主義者と一致さえしている。しいていえば、動物も人間に準じて保護されるということになるであろう。ここから、法制度は、人間だけでなく動物のためにも存在するということになり、この観点から、動物保護法はよりいっそう動物保護をめざす内容にしていかねばならないということがいえる。たとえば、裁判所に訴える権利を動物保護団体に認めるのかどうかなどを検討する余地が出てくる。

日本国憲法における人間中心主義

日本国憲法においても、「基本的人権＝人権」は、人間であれば当然有する権利であると考えられている。この考えにおいては、動物には人権が保障されないということが前提とされている。そういう意味では、日本国憲法でも「人間中心主義」の立場が通説である。

しかし、人間中心主義を克服し、動物にも人権が拡張される、または保障されるという主張もある。たとえば、憲法第一三条（幸福追求権）にもとづいて、動物へも人権が拡張または保障されるという見解だ（佐久間泰司「医学実験動物の法規制と動物の権利」元山健・澤野義一・村下博編『平和・生命・宗教と立憲主義』晃洋書房、二〇〇五年）。動物が幸福に生活できない社会では、人間も幸福に生きていけないと考えるのである。

また、憲法第二五条第二項の「国の公衆衛生の向上・促進義務」から国の「動物保護義務」が引き出されるとは考えられないであろうか。つまり、「公衆衛生」（地域社会で生活する人間や動物の健康の保持・増進など）は国の義務であると考えられないであろうか。今後、日本国憲法の解釈論で憲法から動物保護を引き出すことが検討されていくべきであろう。いまのところ、日本の法学界では、人権・権利はあくまでも人間にだけ認められるという見解が支配的である。

日本国憲法では人権について、「表現の自由」「思想及び良心の自由」「信教の自由」「教育を受ける権利」「勤労の権利」というように自由や権利という用語が用いられている。日本の動物保護団体のなかには、動物の権利と動物の福祉（五つの自由）とをほぼ同じ内容と考えている団体もあるが、たしかに、権利も自由も幸福な生への条件であると考えれば、それほど異同がないともいえる。

今後日本においても、動物の権利論・動物の福祉論を根拠として、人間中心主義を克服し、人間と動物の共生をめざす社会の実現を積極的に推進していくべきである。こうした観点から、次章では日本の動物保護について法律を中心にみていこう。

第2章

日本の動物保護

法制度から地域猫まで

ドライフードと缶詰を混ぜたえさを食べる大学猫「早稲猫」
（NEKO-PICASO『大学猫のキャンパスライフ』雷鳥社，2008 年）

1　動物保護と法のあゆみ

前章では、動物と人間の関係についてのいくつかの議論をみてきた。重要な概念として、「人間中心主義」「動物の権利」「動物の福祉」という考え方を紹介したが、法はこうした考え方をどうとらえているのか、日本の例について、歴史的に振り返ることからはじめたい。

「生類憐みの令」の先進性

日本の歴史に目を向けると、動物保護から「生類憐みの令」を思い浮かべる者も多いであろう。この「生類憐みの令」は、封建時代の江戸時代に五代将軍綱吉により発令されたもので、近代法とはたしかに異なる内容である。しかし、その内容には、現代の動物保護に通じるものも含まれていると考えられる。これまでの俗説では、以下のようにされている。綱吉は、世継ぎを失って子どもをほしいと思っていた。隆光《りゅうこう》という僧が綱吉に、「前世で殺生した報いです……上様は戌年生まれだから、とくに犬を大切になさいませ」とアドバイスをした。それにしたがって、綱吉は生類憐みの令を出して犬などの動物を保護したとされてきた（板倉聖宣『生類憐みの令――道徳と政治』仮説社、一九九二年)。また、犬などの殺傷・虐待に対しては厳罰を科し、江戸に大規模な犬の保護施設を建設しその資金を江戸市民に課税したなど、市民にとっては迷惑な悪法だとされてきた。しかし、近年綱吉の「生類憐みの令」の評価の見なおしがされている。

そもそも「生類憐みの令」は、犬だけでなく牛馬、鳥、魚までも含む多くの動物を保護する令の総称である。鷹狩も禁止された。また、人間の捨て子・捨て病人の禁止令、牢獄の待遇改善などをはじめとする福祉政策も含まれていた。つまり、人間も含むいっさいの生類が保護されるという内容であった。仏教などの教えである「殺生するなかれ」という宗教的基盤も背景にあった。一七世紀後半という時代に、理念先行であるが福祉政策を含めた動物保護政策が行われていたことは、世界的にみても一定の評価がされるべきであろう(『朝日新聞』二〇一四年七月二一日)。

近代国家は動物をどう位置づけたか

近代国家として歩みだした明治時代、一八八〇年に成立した旧刑法のなかに牛馬殺害罪と家畜殺害罪が定められていた。この定めができた背景には、明治政府の法律顧問であったフランスの法学者ギュスターヴ・エミール・ボアソナードが母国の動物虐待禁止法(グラモン法)を日本にも導入しようとしたことがある。その後、牛馬殺害罪などは一九〇七年に公布された新刑法(現行刑法)に

忠犬ハチ公

は定められなかったが、一九〇八年に警察犯処罰令で「牛馬などの虐待罪」が定められた。これにより、牛馬に限らなくなったことや殺害ではなく虐待の時点で処罰されること、他人の牛馬だけでなく自分の牛馬を公の場で虐待した場合にも適用されることなど、動物を利用し食料とするための「物」（財産権）の保護から、社会風俗の秩序の維持に重心が移った（青木人志『日本の動物法　第2版』東京大学出版会、二〇一六年）。

大正時代以降には、「忠犬ハチ公」のような心温まるエピソードがある。東大教授宅で飼われていた「ハチ」という名前の秋田犬が、毎日飼い主が帰るころを見計らって渋谷駅まで迎えに行っていた。飼い主が死んでからも十年間通いつづけたという逸話である。こうした逸話が新聞で取り上げられるなど、徐々に、動物が人間と心を通わせる側面も人びとに受け入れられはじめた。

しかし、昭和の戦争中（とくに第二次世界大戦中）は、動物園で動物が殺害されたことはよく知られている。たとえば、上野動物園では、戦争末期に空襲で檻が破壊された際の猛獣逃亡を防止するためにライオンやトラなどが殺害され、象は餓死させられた。このような悲劇が戦争中には起こった。

戦後、動物保護管理法の成立まで

第二次世界大戦後、警察犯処罰令を発展的に解消した一九四八年の軽犯罪法で「牛馬その他の動物の虐待罪」が設けられた。警察犯処罰令では人前での虐待に限られていたが、軽犯罪法ではそうした「公然性要件」が取り払われた。とはいえこの時期までは、動物保護に関して独立した十分な法制度がなかったといえる。日本の動物保護法がある程度まとまったかたちで成立したのは、一九七三年の動物の保護及び管理に関する法律（動物保護管理法）が最初であった（『日本の動物法　第2版』／動物愛護論研究会編『改正動物愛護管理法Q＆A』大成出版社、二〇〇六年）。

動物保護管理法が成立するまでの戦後の動物保護の動きをみていきたい（宮田勝重「社会現象としての動物愛護法」『法律時報』七三（四）、日本評論社、二〇〇一年）。戦後、英国大使夫人やマッカーサー夫人などがかかわり、動物保護運動が開始された。一九四九年から一九六三年までに日本動物愛護協会や参議院法制局が「動物虐待防止法」の制定を試みた。また、日本動物愛護協会、日本動物福祉協会、日本獣医師会などが中心となり「動物虐待防止法」制定署名運動が開始されたが、法律の制定が実現されるには至らなかった。この大きな理由は、このような運動が国民の関心事にはならなかったことである。この時期の動物保護は、一部の動物保護団体と日本獣医師会などが虐待から動物を保護することをめざして法律を制定しようとしていた段階だといえる。

一九六六年からは、毎年参議院法制局と動物保護団体などで「動物保護管理法案」が作成され国会に提出されていたが、十分な審議もなされず成立しなかった。しかし、一九六八年の天皇の英国訪問前に、英国のメディアが「日本には動物愛護の法律がなく、犬などが虐待されている」と報道するなど、先進国から「日本はまだ文化国家ではない」という批判をいっせいにうけることになった。それが大きなきっかけとなり、議員立法として、一三条からなる「動物保護管理法」が一九七三年に制定された。いわば、「文化国家でない」という批判をかわすためのアリバイ作りのためにこの法律が制定されたといえる。したがって、内容的に十分な動物保護法とはいいにくいものであった。罰則も、「動物の虐待・遺棄」に対して三万円以下の罰金という軽いものであった。動物保護に関して当時は、総務庁が所管することになった。議員立法となったのは、行政（当時の産業動物を担当していた農林省、狂犬予防法を根拠にペットにかかわっていた厚生省など）が法律の制定に消極的だったためであると指摘されている。

初の本格的な法、動物愛護管理法へ

一九九九年、「動物保護管理法」を改正した「動物愛護管理法」が全会一致で制定された。この法律は三一条からなり、動物取扱業の規制、飼い主責任の徹底、動物虐待・遺棄に対する罰則の強化など改正前から大幅に内容が変更されている。日本で初めての本格的な動物保護法であるといえよう。

動物愛護管理法が制定された背景には、以下のことがある。ペットを飼う人間が増加し、少子高齢化社会のなかでペットも「家族の一員」だと考える人たちが増加してきた。その一方で、飼い主による不適正な飼育（虐待など）、遺棄などが多く発生し、飼い主以外の人間による動物殺傷・虐待事件も多数起こるようになった。ペットの鳴き声や排泄物などにより、近隣とのトラブルも生じた。また、一九九七年に起こった神戸連続児童殺傷事件で、当時十四歳の少年が凶悪な殺人事件を起こす前に猫を虐待していたことに危機感をいだいた自民党は、党の環境部会で「動物の愛護と管理に関する小委員会」を設置し、法改正を提言した。

このような社会的背景のもとで動物愛護管理法が制定された。もともと、ペットを中心とした内容の法律であるというのが、日本の特徴である。

法律の検討条項で、五年を目途に法律の状況を見なおし、検討を加えるということになっていることをうけて、二〇〇五年、二〇一二年にも改正され現在に至っている。なお、二〇〇一年の中央省庁再編にともなって所管が環境省へ移された。

2　ここまできた！　動物愛護管理法

目的と基本原則

動物愛護管理法は体系的な法律で、成立当初の三一条から現在は五〇条にまで増えている。二〇〇五年の改正では、基本指針および動物愛護管理推進計画の策定、動物取扱業の適正化（届出制から登録制への変更など）などが実現した（東京弁護士会公害・環境特別委員会編『動物愛護法入門――人と動物の共生する社会の実現へ』民事法研究会、二〇一六年）。

ここでは、主に二〇一二年の改正を踏まえた現行の法律の内容をみていくことにしたい（条文は巻末資料――「動物愛護管理法」条文抜粋を参照）。この改正では、人間と動物との共生という目的を定め、飼い主責任の強化、動物取扱業者への規制の強化、行政の引き取り拒否、罰則強化などが実現した。

第一条で目的を定めている。動物の虐待・遺棄などの防止、動物の適正な取扱い、動物の健康・安全の保持などを図ることによって、国民のあいだに動物愛護精神を芽生えさせ、生命尊重、友愛・平和の精神も高めていくという崇高な目的が定められている。それによって、人間と動物とが共生する社会が実現することをめざしている。この目的は、たいへんすばらしい内容であり、動物保護先進国ドイツの動物保護法にも引けを取らないものである。

第二条で基本原則が定められている。人が命ある動物をみだりに殺害・虐待するのを禁止し、人と動物との共生という目的にもとづき動物を適正に取り扱うことが謳われている。それを実現し具体化するために、適切な給餌（食事を与えること）・給水、健康管理、適正な飼養および環境の確保が挙げられている。動物愛護管理法の対象となる動物は、野生動物を除いて、原則人とかかわり合いがあるすべての動物であるが、条文によって対象から外される動物もある（表2—1）。とくに、実験動物や畜産動物が対象外となる例が多い。

飼い主の責任は重大

動物愛護管理法では、飼い主責任が強化されている（第七条）。動物の所有者（動物を飼っている者）や占有者（動物を預かっている者や飼い主不明の動物を保護している者など）は、動物の種類・習性に応じて、適正に飼養しまたは保管しなければならない。それによって、動物の健康と安全を保持する努力をしなければならない。つまり、動物を飼っている者は、定期的に食事や水を動物に与え、適度な運動をできる機会（たとえば、犬の散歩、ネコタワーの設置など）や空間（一匹あたり自由に行動できる広

表２－１　動物愛護管理法における対象動物の範囲

条文	内容	目的，措置内容等	対象動物
2条	基本原則等	虐待防止及び適正な取扱い，動物による人への危害の防止	動物一般
5条 6条	基本指針 動物愛護管理推進計画	施策の総合的・体系的な推進等	動物一般
10条〜24条	動物取扱業の規制	動物取扱業者の実態把握，動物の適正な飼養保管の確保等	哺乳類，鳥類，爬虫類（畜産・実験用を除く）
25条	周辺の生活環境保全のための勧告措置	動物の多頭飼養による生活環境被害の防止	哺乳類，鳥類，爬虫類（畜産・実験用を除く）
26条〜33条	特定動物の飼養規制等	動物による人への危害防止等	動物一般（政令により哺乳類，鳥類，爬虫類を規定）
35条	都道府県による犬及び猫の引取り	犬，猫の保護等（遺棄の防止等）	犬，猫
36条	負傷動物等を発見した者による通報の努力義務，都道府県等による負傷動物等の収容	犬，猫等の保護 動物の死体等の適正処理等	犬，猫等
37条	犬及び猫の所有者に対する繁殖制限の努力義務	犬，猫の適正な飼養保管等	犬，猫
40条	動物を殺す場合の苦痛軽減の努力義務	動物の苦痛の軽減等	動物一般
41条	動物を科学上の利用に供する場合の方法及び事後措置等	動物の苦痛の軽減等	動物一般
44条	殺傷・虐待・遺棄の禁止	動物の保護等	愛護動物（牛，馬，豚，めん羊，やぎ，犬，猫，いえうさぎ，鶏，いえばと及びあひる。上記のほか，人が占有している哺乳類，鳥類又は爬虫類）

（衆議院調査局環境調査室「動物の愛護及び管理をめぐる現状と課題」http://www.shugiin.go.jp/internet/itdb_rchome.nsf/html/rchome/Shiryo/kankyou_201208_dobutsuaigo.pdf/$File/kankyou_201208_dobutsuaigo.pdf）

さの空間）を確保し、健康に注意を払っていなければならないのである。また、できるだけ快適に過ごせるような場所（適度の大きさで清潔な犬小屋、日当たりや風通しの良い部屋）を動物に提供しなければならない。夏に猛暑日が多い地域では、エアコンをつけて屋内の温度を一定に保つことも必要である。

二〇一二年の改正で、飼い主の終生飼養の責務が盛り込まれた（第七条第４項）。原則、飼い主は、動物が死ぬまで世話をして育てていく努力をしなければいけない。飼育を放棄したりすることは許されないのである。

飼い主は、動物の繁殖に関しても、増えすぎないように適切な措置を講じるよう努めなければいけなくなった。ペットを繁殖させ多頭飼いをすると、地域住民から悪臭・騒音（たとえば犬の鳴き声）などの苦情が寄せられるケースがある。また、多くの動物に細やかな世話をしにくくなり、動物の生活環境が悪化するケースもある。したがって、不妊・去勢手術をして過剰な繁殖を防ぐ責務が飼い主にはある。この点も二〇一二年の改正で盛り込まれたものである（第七条第５項）。

動物取扱業者規制の一部強化、五六日規制は頓挫

ペットショップなどは二〇〇五年の改正で届出制から登録制になっている（第一〇条）。動物保護

団体などを中心に、登録制をさらにバージョンアップして許可制にすべきという主張もされていたが、二〇一二年改正でも許可制は実現せず登録制のままである。ここでは動物取扱業者のなかでも、主に第一種動物取扱業者（ペットショップやブリーダー・犬猫等販売業者など）に関する規制の内容を紹介する。

第一種動物取扱業者は、営利目的で動物を販売、保管、貸出、訓練、展示、競りあっせんなどをするものをいう。これらの業者は動物の適正な取扱いを確保するための基準などを満たしたうえで、都道府県知事などの登録を受けなければならない。悪質な業者は、登録を拒否されたり、業務停止処分を受け登録を取り消されたりすることもある。

業者には、さまざまな義務が課せられている。たとえば、動物販売業者（ペットショップ）は、販売時に説明義務がある。購入者に対して動物の種類、習性など必要な説明をしなければならない（第八条）。二〇一二年の改正で、販売時にあらかじめ現物確認と対面販売をすることが義務付けられた（第二一条の四）。

第一種動物取扱業者のなかで、犬や猫の販売や販売のための繁殖を行う者を「犬猫等販売業者」という（第一〇条第3項）。これらの者には、さらに犬猫などの健康安全計画の策定とその遵守、獣医師との連携の確保、販売困難な犬猫についての終生飼育の確保、生まれて五六日経っていない犬猫の販売禁止（五六日規制）などの義務が加えられている。二〇一二年の改正で、この「五六日規

表2－2　海外の週齢規制

	規制の内容	根拠
アメリカ合衆国 〈連邦〉	最低生後8週間以上および離乳済みの犬猫でない限り商業目的のために輸送または仲介業者に渡されてはならず，または何者によっても商業目的のために輸送されてはならない。	動物福祉法第13条
〈州〉	22州が8週齢未満の，2つの州が7週齢未満での販売禁止規制を設けている。カリフォルニア州では犬の社会化について言及している。 （販売者は犬を十分に運動，社会化させることとする。社会化とは他の犬または人間との十分な身体的接触を意味する。）	カリフォルニア州健康・安全法第122065項
イギリス 〈国〉	犬の飼養業の許可を受けている者は許可を受けている愛玩動物店もしくは飼養業者に対して以外は生後8週間に達していない犬を販売してはならない。	犬の飼養及び販売に関する1999年法
〈自治体〉	8週齢未満の子犬・子猫は母親から引き離しては飼養してはならず，販売してはならない。	販売免許のための標準要件（セブンオーク市）
ドイツ	8週齢未満の子犬は，母犬から引き離してはならない。但し，犬の生命を救うためにやむを得ない場合を除く。その場合であっても引き離された子犬は8週齢までは一緒に育てなければならない。	動物保護法 犬に関する政令
フランス	犬・猫については8週齢を超えた動物のみが有償譲渡できる。	農事法典 L214-8条
オーストラリア 〈州〉	ニューサウスウェールズ州では，生後8週間以下の子犬及び子猫は売りに出してはならない。	動物福祉基準・愛玩動物店の動物 犬猫に関する特別要件

（中央環境審議会動物愛護部会　動物愛護管理のあり方検討小委員会（第4回）「資料3　犬猫幼齢動物の販売日齢について」https://www.env.go.jp/council/14animal/y143-04/mat03.pdf）

制」が定められた（第二二条の五）。幼い時期に親や兄弟から引き離してしまうと社会性が身につかないで成長し、噛み癖や吠え癖など問題行動を引き起こす可能性が高いからだ。

これまで、日本では幼い犬や猫が好まれてきたが、飼ってみると問題が起こり、結局遺棄したり虐待したりする飼い主も多かった。そのことが「殺処分」へもつながっていたので、その歯止めをかけるためにも五六日規制は非常に重要な内容である。ドイツなどでは、「八週齢規制」はあたりまえになっている（表2―2）。にもかかわらず、日本ではペットショップなどの業界団体が、日本の犬はドイツなどより小さいので四五日規制で十分であると主張し、改正後当面三年間は四五日規制となり、その後二〇一六年九月一日から「四九日規制」となっている。二〇一八年一月時点で、いつ「五六日」になるのかはまだ決まっていない。

理由のない引き取りはＮＧ

二〇一二年の改正で犬猫等販売業者にも、終生飼養責務が課されている（第二二条の四）。販売業者は、販売が困難となった犬や猫などでも原則一生涯面倒をみていく努力をしなければならない。このことによって、犬猫などの大量遺棄や殺処分などを減らしていくことが狙いである。

さらに、行政（都道府県など）が、犬や猫の引き取りを拒否することができるようになった（第三五条第１項）。これは、飼い主および犬猫等販売業者に、終生飼養責務が課されたことによる。もちろん、原則行政は、犬猫などの引き取りに関して、所有者から求められたときは引き取らねばならない。ただし、終生飼養責務の趣旨に照らして、引き取らねばならない相当な理由がないと認められるときは引き取りを拒否できる。たとえば、飼うのが面倒であるといったような理由での引き取りは拒否できる。また、ペットショップで売れ残った犬猫などの引き取りも拒否できる。

これによって、飼い主の安易な飼育放棄や、販売業者が売れ残った犬猫などを安易に行政に持ち込むことに歯止めをかける狙いがある。それは、結果的に殺処分などの減少につながることになると考えられている。

罰則の強化

二〇一二年の改正により罰則が一層強化された。主な内容を挙げておく。

動物愛護管理法第四四条によれば、「愛護動物をみだりに殺し、又は傷つけた者は、二年以下の懲役又は二百万円以下の罰金」が科せられる（第１項）。「愛護動物」とは、すべての動物をいうのではなく、牛、馬、豚、羊、やぎ、犬、猫、うさぎ、鶏、鳩、あひる、そのほか人が飼育している哺乳類、鳥類または爬虫類に属する動物である（第４項）。「みだりに殺し」とは、正当な理由もな

表2－3　主な罰則の強化・厳罰化の変遷

	動物殺傷	動物虐待	動物遺棄
動物保護管理法（1973年）		3万円以下の罰金	3万円以下の罰金
動物愛護管理法（1999年）	1年以下の懲役または100万円以下の罰金	50万円以下の罰金	50万円以下の罰金
同上（2005年改正）	同上	同上	同上
同上（2012年改正）	2年以下の懲役または200万円以下の罰金	100万円以下の罰金	100万円以下の罰金

く殺すことをいう。要は、人が飼っているほとんどの動物を対象に、これを正当な理由なく殺傷した場合には、犯罪行為となり刑罰が科されるのである。畜産動物は、畜産業者が殺害して食肉にしても犯罪行為にはならない。人が飼っている動物から攻撃され、自分の身を守るために結果的に殺害または傷つけてしまってもその行為が「正当防衛」にあたれば犯罪とならない。このような場合は、正当な理由といえる。

正当な理由なく動物を虐待した場合には、「百万円以下の罰金」が科せられる（第2項）。虐待とは、食事を与えないこと、水を与えないこと、酷使すること、炎天下で長時間犬をつないでおくこと、病気にかかってもほうっておくことなどである。二〇一二年の改正でより具体的に、条文に虐待の内容が書き込まれた。

愛護動物を遺棄した者も、「百万円以下の罰金」が科せられる（第3項）。遺棄とは、捨てること、危険な場所に行って置き去りにすることである。

愛護動物の殺傷・虐待・遺棄は、犯罪行為として刑罰が科せられるのである。刑罰は、二〇〇五年の改正時と比べ二倍に強化・厳罰化されている（表2―3）。

3　動物愛護管理法の課題

動物実験の規制

動物実験に関して、動物愛護管理法第四一条では、第1章で紹介した三Rの原則が定められている。第1項で、科学上の目的を達成することができる範囲内で、できるかぎり動物を供する方法に代わり得るものを利用すること（Replacement）、できるかぎりその利用に供される動物の数を少なくすること（Reduction）に「配慮する」ものとしている。第2項でその利用に必要な限度において、できるかぎりその動物に苦痛を与えない方法（Refinement）によって「しなければならない」としている。

法律で三R原則が定められたことを一部で評価する見解もあるが、Replacement（代替法）とReduction（削減）は配慮原則でしかない。Refinement（実験の洗練性）だけが義務原則である。本当に「動物が命あるものであることにかんがみ、何人も、動物をみだりに殺し、傷つけ、又は苦しめることのないようにする」（第二条）ならば、国際基準と同じように他の原則もすべて義務原則にすべきである。

動物愛護管理法では、動物実験についてはこの定めしかない。そして、実験者は、環境省作成のガイドライン、文部科学省作成のガイドライン、日本学術会議作成のガイドラインなどにもとづいて、みずから規制・管理する「自主規制」によって実験を行っている。第1章でみたように、国などの行政は、どれくらいの動物がどのような実験で使用されているのか把握していないのである。一部の動物実験にかかわる学会などがアンケートを行い一定の統計を出しているが、きわめて不十分である。

ドイツのように、国が動物実験を監督し許認可を与える制度を導入することも選択肢のひとつとなろう。あるいは、第三者評価機関が動物実験の自主規制を審査し、妥当かどうかを評価するというシステムの構築も考えられるであろう。ごく一部の実験施設で第三者評価機関による評価が行われているが、そのような機関の評価を受けるかどうかはあくまでも任意である。動物実験施設も届出制にして、どのような動物実験をどれくらい行っているのかを、国または都道府県などに報告する義務を導入すべきである。

殺処分の削減、苦しみの緩和

動物愛護管理法の目的によれば、人間と動物とが共生できる社会の実現がめざされている。したがって、動物はできるかぎり殺されてはならないといえる。正当な理由がなく殺されてはならない。では、どのような場合が正当な理由にあたるのであろうか。すでに前節の罰則のところで挙げた食肉用で殺される場合や正当防衛で殺される場合がある。また、日本では、「殺処分」（とくに保健所や動物愛護センターに保護されている犬や猫）が行われているが、これも正当な理由に挙げられている。しかし、このような正当な理由によって殺される場合でも、「できる限りその動物に苦痛を与えない方法によつてしなければならない」と動物愛護管理法第四〇条では定められている。

ところで、殺処分の方法は、多くの都道府県などでは炭酸ガスによって行われている。これはほとんど苦しまないで犬や猫が死を迎えられる、いわゆる「安楽死」であると、一部ではいわれてきた。しかし、実際には一〇分程度二酸化炭素を注入しつづけても死にきれない犬猫がいる。この点に関しては、麻酔薬を用いた注射による方法で安楽死させるべきだという声が、動物保護団体などから上がっている。

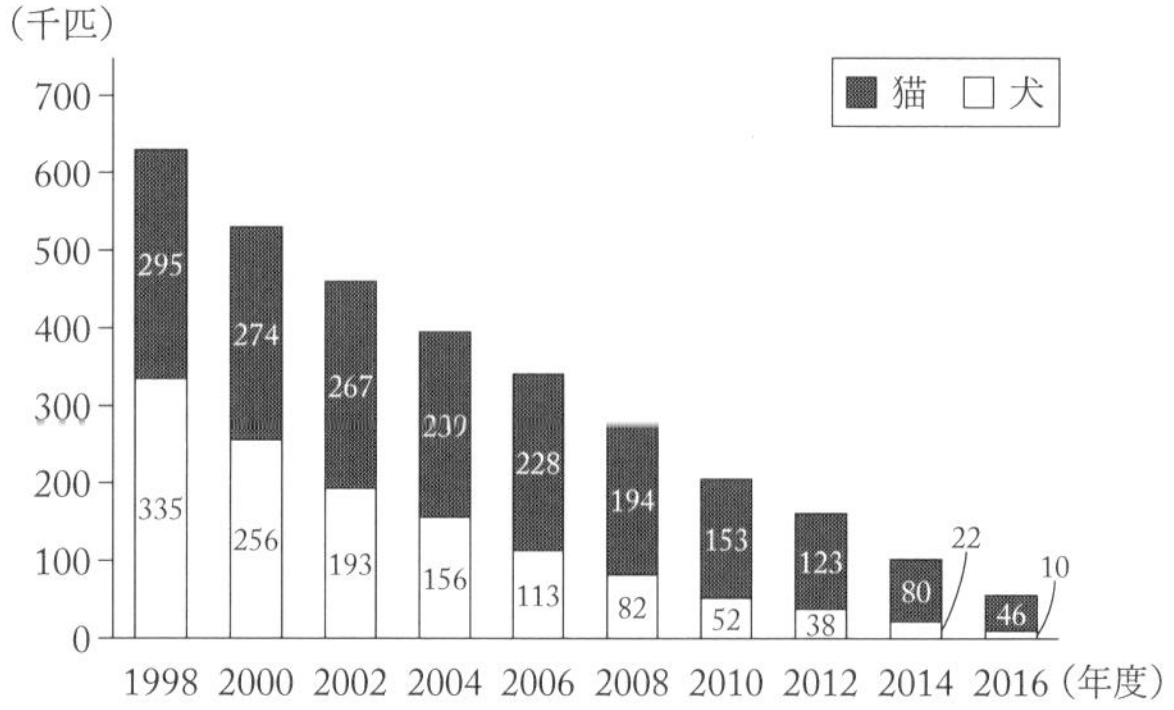

図2－1　犬猫殺処分数の推移
(環境省「犬・猫の引取り及び負傷動物の収容状況」https://www.env.go.jp/nature/dobutsu/aigo/2_data/statistics/dog-cat.html)

五六日規制、許可制、生体販売の原則禁止

日本の犬猫の殺処分は、法規制の効果もあり、環境省の統計によると年々減少している(図2―1)。とはいえ、二〇一六年度時点で五万六〇〇〇の犬猫が殺処分されていることに変わりはない。この殺処分を「原則ゼロ」にすることが緊急の課題であるが、かといって、第1章で紹介した「殺処分ゼロ目標の罠」に陥ってもいけない。そのためには、どのような取り組みが必要であろうか。

動物保護団体などが国に要請していることは、ペットショップなどの動物取扱業者へのより厳しい規制である。日本では、ペットショップなどの生体販売により多くの犬猫が販売されているからである。この生体販売を原則禁止することによって、売れ残った犬猫の終生飼養や販売中のケアといった難しい課題を抜本的に解消できる。そして、犬や猫を飼いたい者が動物保護施設（シェルター）などから犬猫を譲渡されることによって、殺処分をゼロに近づけることが可能になるだろう。

とはいえ、動物取扱業者への規制は、段階を踏むのが現実的である。五六日規制（八週齢規制）の早期実現をはかることが先決だ。二〇一二年の改正で、生後五六日を経ていない犬猫の販売禁止が条文化されたにもかかわらず、骨抜きにされたことは先にみた通りである。『朝日新聞』の記事によると、札幌市が条例で「八週齢規制」を導入しようとしていることが紹介されている（二〇一六年一月三一日）。このような自治体での取り組みは、動物愛護管理法で「八週齢規制」が実現することへの後押しになるであろう。

また、ペットショップなどは、許可制ではなく登録制になっている。たしかに登録拒否や取り消しが都道府県などにはできる。また、運用次第で、登録制は実質的に許可制と同じであるという見解もある。しかし、先に挙げたペットショップの課題にある程度でも対応するためには、厳しい審査を経た許可制が不可欠だ。また、許可制であるならば許可（ライセンス）が取り消された場合、再度許可されるのはきわめて難しいといえる。ドイツは、動物保護法で許可制となっている。動物取扱業者の適正化という点からは、許可制を導入すべきである。

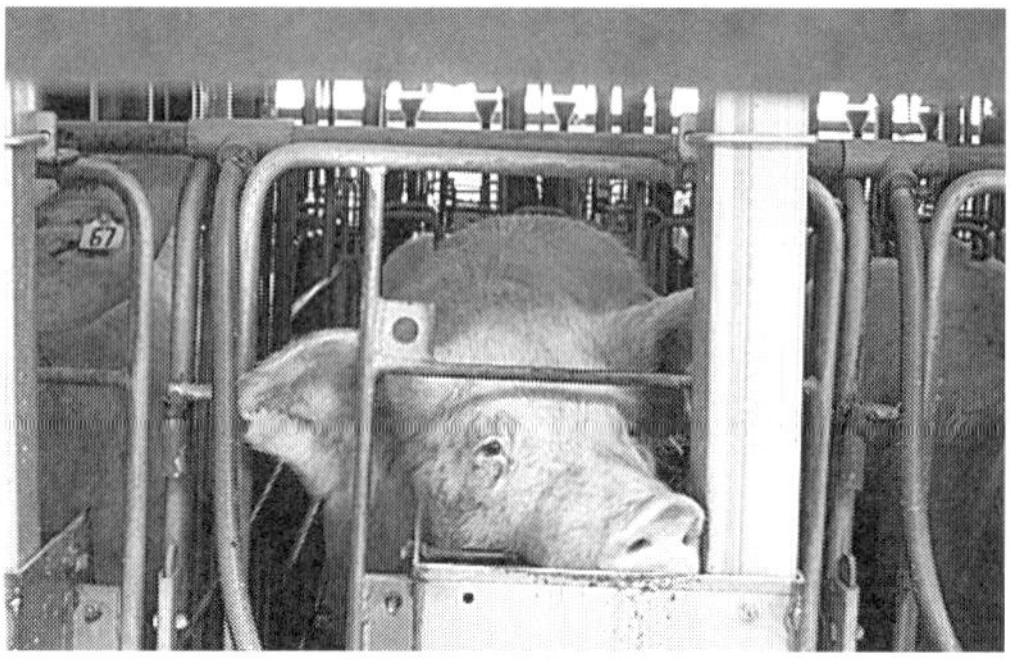

日本の妊娠ストール
（HOPE for ANIMALS「妊娠ストールと分娩ストール」，2015年９月１日，http://www.hopeforanimals.org/animals/buta/00/id=233）

畜産動物保護

動物愛護管理法は、もともとペット中心に制定された法律なので、畜産動物などに関する規制はほとんどない。しかし、バタリーケージ飼育（狭い檻で飼われている鶏など）の問題、妊娠豚などのストール飼い（一年間ほとんど狭い空間に閉じ込められている）の問題など、動物の福祉・権利の観点から改善されなければならない課題がある。このような課題に関しても、動物愛護管理法の対象にしていくべきである。

環境省が犬猫のケージの広さの数値規制について検討を開始していると報道されている（『朝日新聞』二〇一六年一〇月三〇日）。犬猫のケージ数値規制は、ドイツなどの欧州並みにすべきであるし、こういう動きは畜産動物の分野にも及ぶようにしていかねばならないであろう。

二〇一九年の法改正の主な内容と今後の課題――第四刷発行時、追記

二〇一九年六月に動物愛護管理法の改正が行われ、二〇二〇年六月から施行されている。主な改正点は、二〇二〇年から、動物殺傷・虐待等を防止するために罰則が強化されたことである。動物殺傷罪は、「五年以下の懲役」または「五百万円以下の罰金」に引き上げられた（第四四条）。また、愛護動物を遺棄した場合には、これまで「百万円以下の罰金」だけであったが、「一年以下の懲役又は百万円以下の罰金」となった（第四四条）。国際的な基準から見ても相対的に重い罰則が設けられたことになった。

二〇二一年からは、生後五六日以下の子犬・子猫の販売を禁止する。二〇一二年の法改正で本則には「五六日規制（八週齢規制）」が定められていたが、改正法附則七条で施行後三年間は「四五日」として、その後別の法律で定める日までは「四九日」と読み替えるとされていた。この附則が削除されたのである。ようやく、文字通りの「五六日規制」が実現されたのである（第二二条の五）。ただし、「専ら文化財保護法……の規定により天然記念物として指定された犬の繁殖を行う……犬猫等販売業者が、犬猫等販売業者以外の者に指定犬を販売する場合」について、五六日規制は適用されないという特例が設けられた（二〇一九年改正法附則）。たとえば、秋田犬、紀州犬、柴犬などには、

動物愛護管理法
(2019年改正版)

これまで通りの四九日規制が適用されることになる。

二〇二二年からは、第一種動物取扱業者（ペットショップ、繁殖業者等）が扱っている販売用・繁殖用の犬・猫にはマイクロチップの装着が義務付けられた（第三九条の二）。

さらに、動物愛護管理改正法を具体化するために定められた環境省令で、ケージの広さ、母犬・母猫の出産回数や交配年齢、飼育数を数値規制することになった。たとえば、ペットショップや繁殖業者では、従業員一人あたりの上限飼育数を繁殖用の犬一五匹、猫二五匹までとし、雌を交配するのは六歳までになった。

なお、このような改正点については、主に東京弁護士会公害・環境特別委員会編『動物愛護法入門〔第2版〕』（民事法研究会、二〇二〇年）を参照した。

このように、二〇一九年の法改正では、動物保護に関して確実に改善された点がある。しかし、「動物の福祉」の観点からさらに改善すべき点があることが動物保護団体などから指摘されている。たとえば、畜産動物の飼育環境の改善、動物実験の規制、サーカスでの野生動物利用などについてほとんど議論されていない。また、日本犬だけ「四九日規制」のままという特例は、本当に合理的で正当な根拠に基づいているのかという疑問も出されている。このような課題も含めて、二〇二五年から、環境省中央環境審議会動物愛護部会が中心となり次期法改正に向けて本格的な議論がされていくことになる。

４　動物保護の現場から考える

野良猫から地域猫へ

地域猫の保護活動が、各地で広がっている。全国で初めて地域猫の保護活動に取り組んだのは、横浜市磯子区である。一九九九年三月にガイドラインを制定しそれが各地に広がっていった（黒澤泰『「地域猫」のすすめ――ノラ猫と上手につきあう方法』文芸社、二〇〇五年）。このガイドラインで「地域猫」という言葉が定められ、流行語大賞社会新語部門にもノミネートされたという。

『「地域猫」のすすめ』
黒澤泰
文芸社

この背景には、以下のことがある。犬は、狂犬病予防法等により登録制や係留義務が飼い主に課せられているが、猫に関しては明確な法律による規制がない。環境省告示の「家庭動物の飼養及び保管に関する基準」のなかに「ねこの飼養及び保管に関する基準」があるが、その内容は、人に迷惑をかけない、不妊・去勢手術の措置を講ずる、猫の健康と安全を保持するとうたわれているだけである。したがって、放し飼いも許されており、屋外で生活している野良猫と飼い主がいる猫との区別がつきにくい。法的な後ろ盾がないため保健所等の行政は、猫を捕獲するのが難しい。その結果、野良猫が増加していったのである。

そこで、動物保護団体や地域住民などがボランティアで野良猫に食事や水を与え、排泄物の世話をし、不妊・去勢手術を施す地域猫の保護活動がなされていく。自治体のなかには、この地域猫の活動へ補助金をだすところもある。とくに、不妊・去勢手術は相当なお金がかかるので、その費用の一部を負担している。最近の例では、神戸市が条例を制定し、地域猫の不妊・去勢手術へ公的に補助することを決定した（『毎日新聞』二〇一六年一二月五日）。

ただし、自治体の財政難からこのような補助金を削減・カットするところもある。野良猫は、人間がつくりだしたものなので「人間の責任」で保護することが必要である。一方で飼い主責任のいっそうの強化を図りながら、他方でやむを得ない事情により捨てられた猫を保護する地域猫の保護活動は、人間および地域の責務である。動物愛護管理法の「人間と動物との共生社会実現」という趣旨にも沿う活動である。

大学猫の保護という取り組み

大学猫の保護活動も非常にユニークで大切である。この活動は、大学によってさまざまな形で行われている。学生が大学から公認されたサークル活動として、また自主的に、あるいは教職員が中心となって、大学に迷い込んだ猫、捨てられた猫を保護する取り組みを展開している。NEKO-PICASOの『大学猫のキャンパスライフ』（雷鳥社、二〇〇八年）には、首都圏一七大学の大学猫が紹介されている。

大学猫

そのなかでも、早稲田大学地域猫の会「わせねこ」サークルが有名である。ホームページによると、「わせねこ」は、早稲田大学キャンパス内で暮らしている猫を「地域猫」として管理、世話する活動である。一九九九年から活動を開始し日本で初めて大学の公認団体（サークル）として認められ、現在七〇名の部員がいるという。学生たちが、自ら大学のキャンパスにいる猫に、毎日決まった時間・場所で食事や水を与え、排泄物等の世話をしている。不妊・去勢手術もして、繁殖を防止し、繁殖期の鳴き声などの騒音にも配慮する。獣医とコンタクトを取り、必要に応じて伝染病の予防接種などもしている。まさしく、地域猫の活動の大学版である。

二〇一七年一二月、福島大学で「第四回大学猫シンポジウム」が開催され、全国の大学猫のサークルが意見を交わしている。SNSを通じて、大学猫の活動を発信している大学公認の団体もある。先ほどのわせねこのほかに、慶應義塾大学の猫サークルひよねこ、東北大学のとんねこ、京都大学のcat-ch（キャッチ）、立命館大学のRitsCatなどである。RitsCatがSNSに投稿しているように、大学の許可のもとで会員の学生が責任をもってキャンパスの猫を管理しており、サークル以外の者が勝手に猫に食事等を与えないように注意を促す大学もある。

このような地域猫や大学猫の保護活動によって救える命も多い。大学教育を含めた学校教育の現場でも、これまで以上に、動物保護の問題を取り上げていくことが必要である。日本の現状をドイツなどの先進的な取り組みと比較しながら動物保護について関心を高めることは、動物虐待や遺棄の予防にもつながるだろう。

地域猫の問題点と対策

野良猫は、飼い主などから遺棄されたものなので、飼い主責任の強化をしつつも、最終的には人間および地域社会全体の責任として考えるべきである。そして、地域で動物保護団体や住民たちが、ボランティアで野良猫の世話をする活動が広がっていることは、先に述べた。

他方、野良猫の騒音・糞尿被害を訴え、食事を与えるボランティアに怒りの矛先を向ける人もいる。また、地域では猫が嫌いな人も生活している。そういう人たちに、地域猫の保護活動を理解してもらうことは大切である。

前述の横浜市磯子区でも、屋外で自由に生活している猫が増加していた。騒音・糞尿などをめぐって近隣住民とのトラブルが発生した。しかし、法的後ろ盾がないので行政が積極的に介入できない。そこで磯子区は、住民にガイドラインを作成してもらうことにした。応募してきた住民が、一年がかりで検討を重ねてガイドラインが制定された。このガイドラインの基本的な考えは、人間と猫が共存していくための最低限守るべきルールをつくり、猫好きの人も猫嫌いな人も納得できる内容にするというものであった。

ガイドラインの作成は、自治会／町内会、野良猫の世話をしているグループ、近隣住民、町の獣医師が中心となった。つまり、住民主導でガイドラインが制定されたが、行政は広報や苦情への対応などのバックアップをした。地域猫の活動をするグループには、「地域猫実践グループ」という名前がつけられ、責任者を決め、猫に食事等を与える場所・時間・方法を決めたうえでガイドラインに基づいて適正な飼育をすることになった。これまで人目を気にして夜中にこっそりと猫に食事等を与えていた人が、堂々とそれをできるようになり、またその分責任をもって猫を飼育するという仕組みができあがった。この活動により、近隣住民とのトラブルは激減するとともに野良猫の数も減っていったという。

地域猫の保護活動を個人がする場合には、注意すべき点がある。個人では、時間や財政面で負担が大きい。できるだけグループで猫を飼育することが肝要である。ある地域では、地域猫の保護活動をするボランティアが近所の家庭を一軒一軒回り、なぜ地域猫の活動をしているのか説明をし、食事や糞尿の後片づけをきっちりとやることを伝え、地域住民の理解を得たうえで活動をしている。個人でする場合には、このようなことに責任を負うという覚悟が必要かもしれない。

元は捨て猫のキキ
(「スコティッシュのハーフですので，どうか助けてあげてください」という書き置きとともに兄弟たちと10年前に捨てられていた)

この地域猫の保護活動は、野良猫を減少させるためにも大きな役割を担っている。地域は、人間だけでなく動物も生活している場であり、「人間と動物が共生する」という意識を地域社会で共有することが重要である。

しかし日本で、こうした地域の取り組みや共生への理解が広がっているとは、まだまだいえないのではないか。一部の先進的な事例を除き、制度構築もほとんどなされていない。法制度と地域現場の取り組みをつなぐためになすべきことはなんだろうか。ドイツとギリシャの動物保護を知り、考えることで、ヒントが見つかるかもしれない。

第3章

ドイツの動物保護

先進的な保護施設から憲法まで

ガラス張りの個室が並ぶ，ベルリン・ティアハイムの猫ハウス

1　動物保護先進国ドイツ

日本のメディアは、動物保護に関する情報を取り上げる際、ドイツの例を紹介することが多い。よく使われるフレーズが「動物保護先進国ドイツ」である。なぜドイツは「動物保護先進国」といわれるのだろうか。二つの点から説明していきたい。一つ目は動物保護施設にかかわることであり、二つ目は動物保護法制度にかかわることである。

殺処分ゼロの保護施設ティアハイム

「動物保護先進国」と呼ばれる理由の第一は、「原則犬猫殺処分ゼロ」の国であることだといえるだろう。ドイツでは、捨てられた動物などがティアハイムという動物保護施設で暮らしており、新たな飼い主が見つからない場合でも、そこで一生涯過ごすことができる。つまり、日本の地方自治体の保健所・動物愛護センターなどが行っているような殺処分が、原則行われていないのである。

二〇〇年以上前、動物愛護の父、アルバート・クナップ牧師が、「動物は人間の所有物ではない。人間と同じ痛みを感じる存在である」と唱え、捨てられたり、虐待されたりしている動物たちを保護する施設をつくった（NPO法人ジャパンドッグライツのウェブサイト）。これがティアハイムの原型である。ドイツの動物保護に関する法律では、合理的な理由なく動物を殺害することは厳しく禁じられている。捨てられた犬や猫はティアハイムに預けられ、新しい飼い主が見つかるまで大切に育てられる。

二〇〇年以上もこのような動物保護システムが持続しているのは注目すべきことだ。背景には、ヨハン・ヴォルフガング・フォン・ゲーテやイマヌエル・カントというドイツが世界に誇る文豪・哲学者が動物保護思想を唱えていたこと、一九世紀中頃までにザクセン、バイエルン、プロイセン、ヘッセン（当時は王国）で動物保護に関する立法（たとえば刑法で動物虐待を犯罪行為として処罰する定め）があったこと、一八三七年にヴュルテンベルク王国で動物保護協会が設立され、ドイツ各地に拡大していったことなどがある（藤井康博「動物保護のドイツ憲法前史（1）「個人」「人間」「ヒト」の尊厳への問題提起（1）」『早稲田法学会誌』五九（一）、二〇〇八年）。

第二次大戦中でも、犬をはじめとした動物たちに食料が配給されていたことは、驚きの事実である。つまりドイツの動物保護は、長い歴史のうえに築かれ、そのような思想がしっかりと社会に根づいているのだ。

このティアハイムは、「動物も感覚がある存在であり、人間と同じようにあつかわれなければいけない」という発想のもとに存在する施設であり、今やドイツ国内に五〇〇カ所以上ある。

本格的で、多層的な動物保護法制度

第二に、本格的な動物保護法制度の存在を挙げることができる。ドイツでは、すでに一九三三年に体系的な動物保護法（ライヒ動物保護法）が制定されており、その内容を引き継いだ一九七二年の正式な動物保護法制定後も何度か改正され現在に至る。「動物に対する人間の倫理的責任」という動物保護法の目的・理念は、ドイツの動物保護を言い表す的確な表現だ。ここからは「人間と動物との共生」という視点を読み取ることができる。実際にドイツでは、レストランや公共交通機関などで動物と人間が共存している光景をよく見かける。

動物と人間の共存（ミュンヘンの地下鉄内で）

また、日本では把握すら難しい動物実験が、ドイツでは規制されている。動物実験をする場合には、本当にその実験が不可欠なのか、倫理的に正当なものなのか、行政官庁によって厳格に審査される。つまり動物実験をしないで済む代替法がなく、どうしても動物実験をしなければならない場合のみに限られる。さらに、できるだけ痛みや苦しみを回避する方法でしか動物実験はできない。そう簡単には動物実験をすることができない仕組みになっているのである。

動物保護法だけではない。二〇〇二年には、憲法に「動物保護」が導入された。これにより、憲法にもとづいて動物保護法制度がいっそう充実する方向性が確立された。さらに「動物に関する政令」(「犬に関する政令」や「にわとりに関する政令」などがある)や州の法律で、より詳細なことが定められている。たとえば犬を飼う場合、飼い主は毎日適度な散歩を犬にさせなければいけない、犬の大きさにより犬の居住空間の広さが決められている、などである。また州の法律で犬税が課せられるなど、犬を飼う場合、飼い主は相当な責任を持って飼わなければならないルールがある。そしてペットショップでは、実質的に「犬や猫の生体販売」をすることが難しい。このように、動物保護法だけではなく、相互に影響を与えあう多層的な法制度を整えているのがドイツなのだ。

この二点から、ドイツは「動物保護先進国」と呼べる。動物の殺害や虐待に対する厳しい罰則があり、遺棄された動物が原則殺処分されないことなどを通して、動物は保護されている。欧州では「動物保護先進国」といえる国が多くあり、それぞれ特徴があるが、「殺処分ゼロ」を喫緊の課題とする日本では、ドイツのティアハイムがとくに注目されており、「動物保護先進国」のイメージが強い。ただし「動物保護先進国」であっても、動物を殺害・虐待する者や遺棄する者が多くいるし、畜産動物などの分野では、必ずしも十分に動物が保護されているとはいえないことも指摘しておきたい。

2　動物保護団体と各地のティアハイムを知る

動物保護団体の歴史とティアハイム

ドイツでの動物保護に大きな役割を果たしているのが、動物保護団体とティアハイムである。各地の動物保護協会は一九世紀中頃までに創設され、その下にティアハイムがつくられていった。ベルリン動物保護協会は、二〇一六年に創立一七五周年を記念したパンフレットを作成している。それによると、ドイツが統一されドイツ帝国が成立した時代（一八七一〜一九一八年）にティアハイムは加速的に普及していった。各地の動物保護協会は、一八八一年に創設された全国的な動物保護団体（現在のドイツ連邦動物保護同盟）の傘下に入り、動物保護に関する活発な活動を展開している。たとえば、捨てられた動物・虐待された動物の保護、譲渡、社会性を身に着けさせるための訓練（犬の訓練・飼い主の訓練）、地域猫の不妊・去勢手術などである。

ワイマール共和国時代（一九一九〜一九三三年）にティアハイムは、さらに全国へ拡大していった。その後、ナチス時代（一九三三〜一九四五年）には公的な動物保護協会と民間の動物保護協会が協働でティアハイムを運営していた時期もあった。戦時中は、爆撃などによって多くのティアハイムは壊滅的な状況になったが、西ドイツ（ドイツ連邦共和国）では戦後まもなく復興がなされる。

一方、東ドイツ（ドイツ民主共和国）では、動物保護協会とティアハイムは解散させられ、原則的に社会主義国家の政策にもとづく公的な動物保護団体とティアハイムが創設された。ただ、その数は大幅に減らされ、動物保護はそれまでよりも劣った内容となっていた。たとえば、ティアハイムに動物病院を併設していなかったり、保護している動物を十分に世話していなかったりした。

一九九〇年の東西ドイツ統一後、旧東ドイツでもティアハイムが再建され、現在各州の動物保護同盟の傘下に七〇〇以上の動物保護協会と五〇〇以上のティアハイムが活動している。これらは、一部行政からの援助もあるが基本は民間の施設であり、会員の会費や寄付などで運営費用を賄っている。動物保護団体は、憲法への「動物保護」導入や動物保護法の改正などに大きな影響力を持っており、政党や政治家も、ドイツ連邦動物保護同盟や動物保護協会の要求を無視できない。このようにドイツの動物保護団体には長い歴史があり、さまざまな動物保護活動を行っている。

「動物は友だち」と題された，ベルリン動物保護協会創立175周年記念誌

表３−１　訪問した三大都市のティアハイムに関するデータ

ティアハイム	ベルリン	ミュンヘン	ハンブルク
市の人口（千人）	3, 400	1, 300	1, 800
動物保護協会設立（年）	1841	1842	1841
会員（人）	15, 000	10, 000	5, 000
常勤スタッフ（人）	140	50	90
年間予算（千ユーロ）	8, 000	5, 000	1, 700
年間動物保護数（頭）	10, 000〜15, 000	10, 000	10, 000

（訪問時に入手した各動物保護協会のパンフレットなどを参照）

ベルリン・ティアハイム

では、まず私が訪問したドイツ三大都市のティアハイムを紹介したい。

ドイツで最大のティアハイムは、ベルリン・ティアハイムである。ベルリン・ティアハイムについては、日本でもよく紹介されている（森映子「ドイツ最大の動物保護施設を訪ねて」時事通信社ウェブサイト／太田匡彦『犬を殺すのは誰か――ペット流通の闇』朝日文庫、二〇一三年など）。

首都ベルリンはドイツ最大の都市で、約三四〇万人が生活している。一八四一年創立のベルリン動物保護協会が運営するベルリン・ティアハイムは、市の郊外にある一八・五万平方メートルに及ぶ広大な施設だ。会員数約一万五〇〇〇人、常勤で働いているスタッフは約一四〇人おり、年間一万から一万五〇〇〇の動物が収容されている。そのうち、約四割が野良などの飼い主がいない動物や、劣悪な環境で飼われていたために保護された動物だ。残りの六割は、飼い主の死亡、引っ越し・離婚などの理由で引き取られたものである。年間維持費は、約八〇〇万ユーロ（一ユーロ一二〇円で換算すると約九億六〇〇〇万円）で、大半が市民や企業からの寄付や会員の会費などで賄われている。行政から約六〇万ユーロ（約七二〇〇万円）ほど、保管委託料というかたちで援助が出ているが、保管期間を過ぎた動物に対する不足分はティアハイムが負担している。

ベルリン・ティアハイム

ティアハイムでは、保護動物の世話、犬の散歩、譲渡、広報活動などが積極的に展開されている。ベルリン・ティアハイムは、とくに犬の施設がすばらしく、日本のテレビなどでもよく紹介される。犬たちは、タイルが敷かれた個室のスペースでのびのびと暮らしている。犬の部屋は屋根から日光が射す構造で、床暖房も設置されている。ドッグランも併設され、まさに犬にとって至れり尽くせりな施設なのである。多くのスタッフやボランティアたちが犬を世話し、散歩、しつけ、怪我の治療なども行う。

しかし、犬だけではない。二〇一七年八月に訪問すると、広報担当秘書のケルスティン・ブーテンホフさんが猫ハウスに案内してくれた。なんと、保護されている猫は、ガラス張りの個

ベルリン・ティアハイムの猫ハウス（共同の部屋）

室を与えられていた。ほかのティアハイムの場合、猫にまでこうした個室はない。清潔な空間に悠然と猫が生活している。もちろん共同の部屋もあり、そこで過ごすこともできる。見学したハウスは、訪問者が訪問時間帯に自由に見学できる場所である。その隣に併設された部屋では、人間となじみにくい猫や病気の猫が収容されていた。虐待された猫や捨て猫から生まれた猫などは、すぐには人間社会に溶け込みにくい。病気の猫は、治療が必要である。

犬や猫を飼いたいと思っている多くの人びとがここに訪れ、相性を確かめたうえで、たくさんの犬や猫がもらわれていく。毎年、九〇～九五％以上が新しい飼い主にめぐり会い、この施設を去っていくというから驚きだ。もちろん犬猫を飼える者なら誰でもいいというわけではなく、毎日しっかり世話をできるかどうか、快適に飼える環境を備えているかどうかなどを厳しくチェックされる。飼い主が見つからない場合は、この施設で一生、暮らすことになる。

ミュンヘン・ティアハイム

ドイツ南部に位置するミュンヘンの人口は約一三〇万人。ドイツで三番目の大都市である。ミュンヘン・ティアハイムは、市の郊外にある大規模な施設で、一八四二年創設のミュンヘン動物保護協会が運営している。このティアハイムでは、会員数約一万人、常勤スタッフ五〇人、年間予算五〇〇万ユーロで、年間約一万の動物を保護している。

ミュンヘン・ティアハイム

二〇一二年の九月、ミュンヘン市のティアハイムを訪問した。広大な施設のなかには、犬ハウス、猫ハウス、野生動物を保護しているハウスなどが点在している。広報担当者コルトロ・ロベルトさんが施設を案内してくれた。

犬たちが暮らしている犬ハウスには、部屋にドッグランが併設されており、私に向かって部屋のなかから駆け寄ってくる犬もいた。なかには吠える犬もいるが、大半の犬たちは人間に会うのが嬉しくてたまらないという印象を受けた。犬たちに関する情報が書かれた紙が各部屋に貼ってあった。

猫ハウスには、一部屋に三、四匹の猫が暮らしている。猫用の

ミュンヘン・ティアハイムの共同墓地

ベッドが置かれ、リラックスして眠っている猫が多かった。各部屋には、写真付きで、保護されている猫の情報が書かれた紙が貼られていた。どこで保護されたのか、推定何歳か、雌猫か雄猫か、種類、大きさ、体重、性格などの情報が書かれている。共同の大きなスペースもあり、見学者が訪れ、そこで猫と触れ合うことができるようになっている。ネコタワーがいくつかあり、ゆったりと過ごせる空間だ。週に三日、一日三時間ほど、この共同スペースが見学者に開放されている。

主に犬と猫が保護されているハウスを見学したが、鳥や野生動物なども保護されている。ざっと施設を見て回ると一時間ほどかかった。そこには死んだ動物の共同墓地もあった。その後、広報担当室でロベルトさんにインタビューし、さまざまな話を伺った。保護された動物はかなり多いが、そのなかでどのくらいの動物たちに新たな飼い主が見つかっているのかとの質問に、「二〇一一年、犬も猫も約九〇％以上に新たな飼い主が見つかっています」との回答。

ティアハイムの動物たちはとても快適に過ごしているが、財政的な問題はないのだろうか。「財政的な問題は、ほとんどありませんが、新たな建物を建設する予定で、そのためのお金がかなり必要です。行政からの補助はきわめて少額で、基本的に会員の会費と寄付で運営されています。よって寄付金を募る宣伝をしています。また高齢者で、亡くなられたときに寄付してくれる方を募っています」とのことだった。

ハンブルク・ティアハイム（全容）

ハンブルク・ティアハイム

ハンブルクは人口約一八〇万、ドイツ第二の大都市であるが、ハンブルク動物保護協会の会員は、五〇〇〇人とミュンヘン動物保護協会の半分である。ティアハイムの年間予算も一七〇万ユーロと、ミュンヘンの約三分の一であるが、常勤スタッフは九〇人おり、約一万の動物を保護している施設である。協会は一八四一年創設で、こちらもやはり歴史ある動物保護団体だ。

二〇一六年八月、ハンブルク・ティアハイムを訪問し、まず施設を見学した。このティアハイムにも犬ハウス、猫ハウス、鳥・小動物（ウサギやハムスターなど）ハウスなどの主要な建物がある。ベルリンやミュンヘンに比べ予算は少ないが、それぞれのハウスには、病院や手術室まで備えつけられている。大都市のティアハイムでなければ、そうはいかないだろう。

一時間くらい施設を見学してから受付に戻り、広報担当のフラス・スヴェンさんにインタビューすると、彼は次のように話した。

フラス・スヴェンさんへのインタビュー

ここで保護されている多くの動物に新たな飼い主が見つかっています。ただ重い病気にかかっている動物や、過去に虐待にあって人間に不信感を持ったり、攻撃的になっているなど、人間と生活するのが難しい動物には、飼い主が見つかりにくい傾向はあります。しかしそういった動物を含めても、九〇％以上に新たな飼い主が見つかっています。驚かれているようですが、ドイツのティアハイムではふつうのことなのです。

ベルリンやミュンヘンでも、保護した犬猫の九割以上が引き取られているとの発言があったことは、先にみた通りだ。ドイツ市民の動物保護に対する意識の高さがわかる。

財政面について、「予算は、動物の食事代、光熱費、世話代、治療・手術代、動物保護をするための費用、宣伝費、施設維持費などに費やされます。基本的に民間施設で、会員の会費、市民・企業などからの寄付、亡くなった市民の遺産の寄付、イベント収入などで賄っています」とのこと。行政からの援助について尋ねると、「一部、ハンブルク市などの行政からの援助もありますが、この援助はケースバイケースで、予算が足りないときに支援してもらうものだと考えていただきたいです。年間平均して全予算の約三〇%が行政からの援助です。しかしティアハイムはあくまでも民間施設です。いまのところ財政問題は生じていませんが、野生動物保護という課題にも取り組もうとすると、光熱費や維持費が高額になるので財政問題が生じる可能性があります。そのため、野生動物はずっと保護しておくことができません」とのことであった。

ハンブルク・ティアハイムでは、野生動物は一定期間の保護の後、動物園などに引き取ってもらうなどの措置がとられている。民間の施設とはいえ、先にみた二都市に比べ寄付が少なく、より多くの援助を得なければ野生動物まで一生保護することはできないのだ。

3　ティアハイムに学ぶ

市民にとってのティアハイム

ティアハイムにおいて、動物たちは十分な広さのある空間で生活している。犬は一頭で一部屋（日本でいう四畳半から六畳ほどの大きさの部屋）に暮らしており、ドッグランが併設され、運動不足にはならない。

猫は一部屋（十畳から十二畳ほどの部屋）に四匹くらいの割合で生活していることが多いが、大きな共同の部屋が備えつけられていて、ネコタワーなどがあり、猫たちが遊んだり日光浴をしたり悠然と過ごせる空間がある。

共同の部屋が市民に開放される時間が、たいてい週に三日、一日二、三時間ほどあり、市民は猫たちと触れ合うことができる。多くの市民は、その触れ合いのなかで猫との相性を見極めることができる。その結果、多くの猫が新たな飼い主を得て施設を去っていくのだ。犬については、ティアハイムが開館している時間に市民が犬ハウスを見学できる。何度も足を運び、相性のいい犬を見つけようとする市民が多い。

このようにドイツでは、ティアハイムで犬や猫をもらい受ける市民が多くいる。その際、市民が犬や猫を飼える資格があるかどうかチェックされ、合意書（終生飼養する旨など）にサインしたうえ、手続きのための料金（平均で約二〇〇ユーロ、約二万四千円）を払い、新たな飼い主となることができる。

ペットショップでの「生体販売」が実質的に難しいため、ティアハイムから犬や猫をもらうのがドイツ流なのだ。このシステムは、捨てられた動物や虐待された動物に新たな飼い主を見つけるうえで、じつにすばらしい仕組みである。日本でも徐々に保護施設（シェルター）が増えてきており、保護されている動物に新たな飼い主が見つかっているが、ドイツには遠く及ばない。ティアハイムでは市民が猫と触れ合える時間は限られているが、この事実はとても重要である。

意識が高いスタッフ、影響力が強い動物保護団体

先ほど紹介したハンブルク・ティアハイムのスヴェンさんは言う。

日本でも、殺処分をなくそうという取り組みが始まっているようですが、やはり動物保護に関する啓蒙活動、動物保護団体の宣伝活動、政治家・メディアなどを巻き込んだ取り組みが重要でしょう。市

民が動物保護というものがどれだけ重要かを意識できるような活動を展開していくことが大切です。ドイツでも、動物ではなく、子ども、病人、ホームレス、難民へお金を使うべきだという声も一部ではあります。しかし動物保護は、なにも一面的に動物だけを保護することをめざしているわけではありません。動物保護と人間の保護とは矛盾しないのです。動物も人間も保護される社会が重要なのだという意識を高めていくことが必要だと思います。

社会福祉や動物保護に対する熱意が伝わってくる非常に興味深い話である。スヴェンさんは、大学で「生物学」を学び、「徴兵制度（Bundeswehrdienst）」による兵役にはつかず「非軍事役務活動（Zivildienst）」を行ったという（二〇一一年七月から、ドイツでは徴兵制度・非軍事役務制度が停止され、志願制になった（渡辺富久子「ドイツ　徴兵制を停止」『外国の立法——立法情報・翻訳・解説』二〇一一年七月号、国立国会図書館））。その後、動物保護の活動をして現在に至るそうだ。

彼とのインタビューで、とくに心に響いたのは「人間だけでなく動物も保護される社会」ということばだった。たしかに私たちは人間だけが社会で生活していると思いがちであるが、そこには人間だけでなく動物も生活しているのである。人間と動物とが共生できる社会こそが、「動物保護先進国」だといえるのではないだろうか。

ドイツのティアハイムは、広大な敷地に建てられており、ボランティアのスタッフも多くいる。

私がミュンヘン・ティアハイムで過ごした時間中、三人の年配の女性と遭遇し少し話をしたところ、彼女たちは施設の「犬の散歩」をするボランティアだった。ドイツでは市民と動物保護協会・施設が一体となり、動物保護に取り組んでいることがよくわかる。

そして、ティアハイムは民間の施設であり、行政から補助は受けているが、原則会員の会費・寄付などで運営されていることが重要である。ベルリン・ティアハイムのような巨大な施設では、維持費のほぼ全額が寄付や会費で賄われている。ハンブルクやミュンヘンもドイツのなかではベルリンに次ぐ大都会であり、ハンブルク・ティアハイムは予算の三割近く行政の援助を受けているが、ハンブルク、ミュンヘンいずれのティアハイムでも基本的に、寄付や会費で維持費・予算が賄われている。だが一方で、維持費・予算不足が深刻化しているティアハイムが増えていることも指摘されている。

民間によるティアハイムの強力な活動・運営実績は、ドイツで強い信頼感・影響力を持つ。こうした影響力を背景に、ドイツ連邦動物保護同盟などの意見やキャンペーンが政治や法律を動かす。憲法への「動物保護」の導入、州が野良猫の対策・保護の支援を行うように二〇一三年の動物保護法改正で盛り込まれたことなどがその例である。このような背景も考慮しないと、いくらドイツを見習って「殺処分」をなくしていこうと運動をしても、その実現はきわめて難しいだろう。

長い歴史があり、社会的影響力の強い動物保護団体およびティアハイムが、「原則殺処分ゼロ」

実現の一端を担っていることをみてきた。しかし、相対的に十分な動物保護の実現を理解するには、車の両輪として、動物保護法制度にも触れなければならない。次節からは、この法制度の充実した内容を紹介しよう。

4 憲法への導入と動物保護法

EU初、憲法への「動物保護」の導入

二〇〇二年、ドイツでは憲法へ「動物保護」が導入された。これはEU（欧州連合）加盟国のなかでは初めてのことである（非加盟国のスイスでは、一九七三年、憲法に「動物保護」が定められている）。ドイツでは一九九〇年代から、憲法へ「動物保護」を導入すべきだという議論が活発化していた（浅川千尋『国家目標規定と社会権――環境保護、動物保護を中心に』日本評論社、二〇〇八年）。その背景には、動物実験の増加、麻酔などをかけないで動物を屠殺するイスラム教などの肉屋（儀式）、家畜動物の大量輸送などの問題があった。

たしかに、ドイツの動物保護法では、動物実験は「不可欠で倫理的に正当である」と審査で判断されないかぎり実行できないことになっている。また、「できるだけ苦痛を伴わない方法（たとえば

麻酔をかける)」によってしか動物を殺害できないことになっている。しかし、動物実験をする研究者や製薬会社などは、憲法で定められている「研究の自由」などを根拠に動物実験を推進してきた。また宗教の自由(信仰の自由)によって、イスラム教の教義に則った、気絶させる前の鋭利な器具による屠殺が維持された。さらに、経済的効率性(営業の自由)から、家畜動物の大量輸送も規制がかけにくい状況であった。

動物実験に歯止めをかけるためには、憲法へ「動物保護」を導入し、「研究の自由」が「動物保護」よりつねに優先される状況を、変えなければならないと考えられるようになった。また、宗教の自由に風穴をあけるためには憲法へ「動物保護」を導入すべきであると考えられた。さらに「共生物としての動物に対する人間の倫理的責任」という動物保護法の目的・理念からすると、家畜動物の大量輸送、しかも長時間かけて輸送することは規制されねばならないことになる。それを補強するために憲法へ「動物保護」を導入すべきであると主張されるようになった。

このような実情と照らし合わせて、動物保護法が十分に機能しているとは言いがたいため、憲法へ「動物保護」規定を設け、問題を解決しようという空気がドイツ国民のなかで芽生えた。動物保護団体が中心となり、動物実験規制、麻酔などをかけない屠殺の禁止、家畜動物の大量輸送の規制などの実現に向け、憲法へ「動物保護」規定を導入するための請願活動が展開された。憲法は国家権力を縛る最高法規であり、憲法へ「動物保護」を導入することによって、立法者(国会)が動物保護法を強化し、国（行政）は動物保護政策をいっそう進めることが期待されたのである。

こうして集められた国民の声が政治を動かすこととなった。政党と連邦参議院が動物保護に関する「憲法改正草案」を提案したのだ。二〇〇二年、当時の連立政府与党（社会民主党および緑の党／同盟九〇）が、憲法へ国家目標規定「動物保護」の導入をめざして提起していた草案を、他の政党との共同提案というかたちで議会に提出した。

憲法導入が意味するもの

二〇〇二年五月に連邦議会において、三分の二以上の賛成で可決、連邦参議院でも可決されて、ついに憲法へ「動物保護」が導入されることとなった。しかし、条文の内容は政党間でかなり妥協したものであった。

「国は、来たるべき世代に対する責任を果たすためにも、憲法秩序の枠内において立法を通じて、また、法律および法の基準にしたがって執行権および裁判を通じて、自然的生存（生命）基盤および動物〔und die Tiere〕を保護する」（憲法第二〇a条、高田敏・初宿正典編訳『ドイツ憲法集（第7版）』信山社出版、二〇一六年）。「動物を保護する」というささやかな文言が加えられただけだったのである。

この憲法第二〇a条は、一九九四年の憲法改正で憲法に導入された条文で、「環境保護」を定めている。その意味では、環境保護と動物保護とが同じ条項で定められたことになる。環境保護と動物保護とのつながりがあるユニークな条文だ。一九九四年の憲法改正をめぐる議論では、当初は環境保護（自然的生存基盤の保護）から動物保護が導き出されるという見解であったが、合同憲法委員会で多数意見は異なる結論に至った。つまり、動物保護は「自然的生存基盤」の概念にも「自然」にも十分には含まれていないという方向に議論が進んだのである。動物は自然的生存基盤の構成要素ではなく、むしろ、動物は人間と同じように自然的生存基盤を利用するので、「自然的生存基盤の保護」は動物保護を含まないと考える見解が多数になった（岡田俊幸「統一ドイツにおける「動物保護」の国家目標規定をめぐる議論」『伝統と創造』人文書院、二〇〇〇年）。ただ、環境保護から動物保護を導き出す見解も有力である。そういう意味では、この条文は環境保護と動物保護との関連を示す興味深い内容である。

憲法に「動物保護」が導入されるという画期的なことが実現したが、政治的な妥協があったため、条文の解釈が曖昧になってしまった向きもある。つまり動物保護派の人びとは、憲法のこの条文によって、動物保護や動物実験、大量輸送の規制の強化などが実現すると思い描いている。一方、動物実験をする研究者や製薬会社は、動物保護はこれまでの通り「動物保護法」で実現されるのが筋であり、憲法の「動物保護」はシンボルにしかすぎないととらえているのだ。

ともあれEU加盟国において、ドイツ憲法で初めて「動物保護」の規定が定められたことは大きな意義があることだ。この結果、ドイツの動物保護の法体系は、憲法（動物保護規定）―動物保護法―動物に関する政令という体系が基本となる。

注意が必要な点もある。「ドイツでは憲法で動物の権利が取り入れられている」という解釈が日本で散見されるが、それは正確ではないという点だ。ドイツ憲法第二〇a条は、「国家目標規定」であり、国が動物を保護すべき義務を負うという内容である。けっして動物の権利を定めたものではない。

ドイツ動物保護法のあゆみ

ドイツでは早くからバイエルン、ザクセン、プロイセンなど、一部の領邦国家で動物虐待罪が法律で定められていたが、こうした近代的な動物保護法制度が確立されたのは一九世紀である。一八七一年にはドイツが統一され、ドイツ帝国が誕生し、帝国刑法で「動物虐待罪」が定められた。これらの狙いは、家畜動物、とくに馬を保護することにあった。馬などが虐待されたりしているのは、人間にとって「不快」だという人間中心主義の発想からであった。

そしてナチス政権時代の一九三三年、「ライヒ動物保護法」という体系的な動物保護法が制定された。ナチス時代に体系的な動物保護法が制定されたことについては、ユダヤ人が行っている屠殺方法（麻酔などをかけないで頸動脈を切る方法）を禁止することに主眼が置かれていたという指摘（反ユダヤ主義）や、ナチスへの支持を高めるためであったという指摘もされている（中川亜紀子「ドイツにおける動物保護の変遷と現状」『四天王寺大学紀要』五四、二〇一二年）。

たしかにヒトラーは犬好きでベジタリアンであったというが、ナチスが行っていたユダヤ人・障碍者・同性愛者・ナチスに反対する者への大虐殺や人体実験を考慮すると、ナチス時代に制定された「動物保護法」を過大評価してはならないであろう。それまでの人間中心主義的なものではなく動物保護を重視する内容の「ライヒ動物保護法」は、ナチスのプロパガンダという側面があったことも事実である。それに対して、動物法の権威である吉田眞澄は、ドイツ人の倫理観の高揚を重要施策としていたナチスが、ドイツ人の特徴を一層誇張するための一施策として制定したことをもって、この法律を消極的にのみ評価すべきではないという趣旨を述べている（吉田眞澄「ドイツ法　ドイツのペットと動物事情」ペット六法編集委員会編『ペット六法　用語解説・資料篇（第2版）』誠文堂新光社、二〇〇六年）。

戦後、この法律の内容が基本的に引き継がれ、幾度かの改正を経て現在に至っている。ドイツ動物保護法は、一九七二年にライヒ動物保護法の内容を引き継いで制定された。その後、一九八六年、一九九〇年、一九九八年、二〇〇六年に大きな改正がなされた。最近では、二〇一三年、二〇一四年にも一部改正されている。これらは、憲法の一部改正、EUの動物保護に関する指令などにもとづく改正である。

動物が健康に生きるとは

動物保護法は、原則、人が保有するすべての動物が適用対象だ。すなわち家畜動物、ペット（家庭動物）、動物園・水族館の動物、実験動物などである。これらすべてに対して何らかの法的規制が設けられている。

第一条において、動物保護法の目的は「共生物としての動物に対する人間の責任から、動物の生存（生命）および健康であることを保護することである」と定められている（引用は『連邦官報』より、二〇一四年七月二八日改正動物保護法の拙訳、以下も同じ）。一九八六年の改正で、人間による動物保護は人間の「倫理的責任」であり、人間と動物とが社会で共生していくべきであることが明確にされた。この目的からわかるように、動物は原則、殺害されないで健康に生きていく必要があることが前提となっている。

合理的な（理性的な）理由で殺害する場合、たとえば食肉のために牛や豚を殺す場合でも、「麻酔などをかけて殺害しなければならない」（第四条で「動物の殺害」に関して定められている）。宗教的儀式による殺害の方法が、例外として認められていることについては、先にみた通りである。ナチス時代にユダヤ人や他民族を迫害してきた歴史を持つドイツでは、多文化に寛容であれという考えが根強いという背景もある。

合理的な理由のない動物殺害や虐待などに対しては、刑罰として自由刑（日本でいう禁錮刑）三年以下、または相対的に高額な罰金が科せられる。

動物実験

「動物実験」に関して定めているのは、第七、八条である。動物実験は、実験の数を減らす方向で、他の代替手段がなくどうしても必要なものに限られている（不可欠性）。できるだけ痛みや苦しみを伴わない方法（倫理的許容性）でしかできない（三Ｒの原則、第１章参照）。人や動物の病気の予防や健康のために、どうしても動物実験をせざるを得ない場合に、できるだけ痛みや苦しみがない方法でしかできないということだ。

また「必要な知見および能力を有する人間によってのみ行うことが許される」とされ、資格がある者（専門家）しか実験ができない。しかも動物実験をする際には、獣医局（日本でいえば保健所）など、主務官庁の許認可が必要である。

タバコや化粧品などのための動物実験は、原則禁止されている。ＥＵでは、二〇一三年からこの種の動物実験や、動物実験を行ってつくられた化粧品などの輸入販売が全面禁止されている。さらに、武器などの開発のための動物実験も禁止されている。動物を戦争などのために利用してはならない。これは非常に大きな意味のあることだといえる。

ドイツ農業経済省の統計によると、二〇一四年、研究のために二八〇万の動物が実験に使われていた（ドイツ連邦動物保護同盟ウェブサイト）。連邦動物保護同盟は、よりいっそう動物実験の代替法の開発を積極的に進め、動物実験を廃止することを求めている。

保有・手術・飼育についての規定

第二、三条では、動物の保有に関する条文が定められており、動物を保有する者や世話をする者の義務、動物輸送や取引に関する内容が定められている。

第五、六条は、動物の手術に関する定めである。手術の多くは、動物実験にかかわるが、怪我を負った場合も想定されている。脊椎動物などは、麻酔などなしでは手術されない。また獣医が手術をしなければならない。

第一一条では動物の飼育・取引などに関して定めている。動物施設（動物園、水族館、ペットショップなど）は、主務官庁の許可がなければ動物を保有・飼育できない。つまり許可制である。動物の営業に関しても許可制となっており、動物取扱業者は、動物に関する専門的知識・能力が必要で、施設が動物に適したスペース・環境でないと営業などは許可されない。動物取扱業者がライセンス（許可）制度で管理されていることがドイツの特徴だ。この点、日本はまだ登録制度のままである。

5　そのほかの法制度とドイツの課題

動物は物か、物でないか

ドイツでは、一九九〇年、民法に第九〇ａ条「動物は物ではない。動物は特別の法律によって保護される。動物については、物についての規定を、他に規定がないかぎり準用する」が導入された（青木人志『動物の比較法文化――動物保護法の日欧比較』有斐閣、二〇〇二年）。また動物が他人から傷害などを受けその治療にかかった費用は、損害賠償の対象となるという民法第二五一条第二項が定められた。動物所有者は、その権利を行使するときに動物保護に関する規定を遵守しなければならないという条文（民法第九〇三条）も盛り込まれた。これらの民法の改正で、動物は「物」ではなく「特別な存在」として位置づけられたのである。

新たに設けられた条文の立法趣旨は、物と動物に形式的に同じ地位を与えることをやめ、動物は人間に対して保護および配慮を義務付ける共生物であり、痛みを感じる生き物である、という動物保護法の考えを民法に表現したことである（椿久美子「ドイツのペット法事情」『法律時報』七三（四）、日本評論社、二〇〇一年）。この条文からは、動物に人間と同じような権利まで認めることはできないが、「特別な存在」として動物があつかわれることが意図されている。

また先に述べたように、州の法律で犬税が導入されている。州によって異なるが、およそ年間一頭につき一〇〇ユーロ（約一万二千円＝一ユーロ一二〇円で計算）以上の税金が飼い主から徴収される。

犬に関する政令

ドイツの動物保護法制度できわめて興味深いのは、にわとり、豚、子牛など、さまざまな動物に関する政令があることだ（先述の「ドイツのペット法事情」によれば、輸送における動物保護に関する政令などもある）。なかでも、「犬に関する政令」が有名である（「ドイツにおける動物保護の変遷と現状」）。

この政令では、八週齢規制（子犬を生後八週間未満で母犬から引き離してはいけない）、犬の戸外での運動、犬の繁殖、屋外飼育・屋内飼育の環境、檻の大きさ（体高に応じて最小床面積が決められている。日本の大半の犬小屋はこの条件を満たしていない）などが細かく定められている。

ドイツ在住の獣医師で、この問題に詳しいアルシャー京子は、この政令で定められている「一般的な飼育に関する要求」を、「WANWANコーギー」名義のブログで以下のように解釈する。

犬は、戸外において檻やつながれている場所からはなれたところでの充分な運動と飼育管理しているものとの充分な接触が保障されなければならない。また、犬の戸外での運動と社会的接触は、犬種や年齢そして健康状態に見合ったものであることとする。……子犬を生後八週齢以前に母犬から引き離してはならない。ただし獣医学的な判断による場合を除く。やむを得ず子犬を母犬から引き離す場合には八週齢まで同胎犬と一緒に過ごさせること。

（WANWANコーギー『◆WANWAN◆ブログ』http://blog.livedoor.jp/i_love_mj/archives/1639583.html）

アルシャーは、「戸外」で運動をして社会的接触をすることが犬にとって重要であることを指摘している。また生まれて間もない時期に、母犬や兄弟犬から引き離してはならないとすることで、犬の幼少期における社会性養育の欠如や不足を防ぐことがとても大切であるとしている。戸外での運動と社会的接触については、個人の飼い犬だけでなく繁殖業者の繁殖用の犬たちや販売業者の販売用の犬など、健康なすべての犬に必要であり、これがなければ犬は犬として健全に生きていくことができないことを強調している。

この常識を無視して、もっとも保護されるべき時期にある離乳もままならない幼い子犬を、人間の都合だけで流通させるという行為は、人道的にも犬学的にも「保護」に値しない。人間にとってはほんの数日間かもしれないが、生後数週間の子犬にとっての孤独な数日間の流通はトラウマになるという。ドイツにおいて、社会性を身に着けさせるために子犬は生後八週間、母犬から離してはならないという八週齢規制は、科学的な根拠があると認知されている。

ドイツに見る動物保護の未来

ハンブルク・ティアハイムでお世話になったスヴェンさんとは、ドイツの食生活の問題点に関しても話すことができた。ドイツには、畜産動物に関連する政令もあるが、大量飼育・大量輸送などの問題が十分に解決されているとはいいにくい。スヴェンさんは次のように言う。

ドイツでは、たしかに動物保護は進んでいますが、一方で畜産動物については、まだ取り組みが遅れていると思います。豚肉や牛肉の消費量はかなり多く、その分野での動物保護を強化していくのが課題のひとつになっています。肉は安いので多くのドイツ人は大量の肉を消費しています。できるだけ肉を食べない、あるいは肉の消費をできるだけ少なくする方向へ変えていくべきだと思います。近年ではベジタリアン・ヴィーガン料理も普及しはじめています。また多くの市民がＢＩＯ（オーガニック）加工食品の購入に高い関心を持っています。畜産動物が正当なあつかいを受け、適切な環境で飼育されているからです。

確かにドイツでも動物虐待や殺害をする者もいるし、畜産動物の分野では動物保護がまだ十分に実現されているとはいえない面がある。しかし、ティアハイムが長い歴史を経てきたことからもわかるように、市民が動物をいかに愛しているのかが伝わってくる。ティアハイムを運営するドイツ連邦動物保護同盟は、市民によって支えられているのだ。

ドイツの動物保護は、動物の権利論と動物の福祉論の双方の考え方を取り入れているように思える。とくにドイツ連邦動物保護同盟は、当面は動物実験の代替方法の開発をこれまでよりいっそう強化するとともに、最終的には動物実験を廃止することを訴えている。畜産動物の在り方に関しては、大量飼育・輸送の禁止、生産・消費をできるだけ抑え、肉の消費量を減らすことを主張している。そして、動物保護団体にも裁判に訴える権利を保障すべきであると主張している。この主張を根拠づけているのは、動物も人間と同じように痛みや苦しみを感じる存在であるというパトス（痛感）中心主義であり、身体の尊厳は守られねばならないとする。

ドイツの現状については、動物実験が増加していることやティアハイムのなかに一部財政的に困難なところも出てきているという負の側面もある。今後は、再生医療技術の進展、新薬の開発などのため動物実験の需要はますます高まることが予想される。また、ティアハイムの財政状況が厳しくなれば「原則殺処分ゼロ」にも危険信号が灯りかねない。とはいえ、憲法の動物保護規定、体系的な動物保護法、動物に関する政令といった多層的な動物保護制度が存在し、多くの市民が動物を愛する意識が高い国であるので、このような動物保護に突きつけられた挑戦・課題にも応えるのではないか。憲法に「動物保護」を導入し、充実した内容の動物保護法制度を有する意味は大きく、「動物保護先進国」というブランドを維持しつづけていく資格を持った国であるといえよう。

第4章

ギリシャの動物保護

オリンピック対策から財政危機の克服まで

アテネの国会議事堂前で昼寝する野犬

1　注目！　ギリシャの動物保護

本章では、二〇〇四年のオリンピック開催を機に、ギリシャの首都アテネで野犬の殺処分ゼロが実現した経緯を紹介する。ギリシャは、動物保護先進国ドイツのように、体系的な動物保護法や組織的な動物保護活動の歴史が長いとはいえない。その点は日本と同様だったのだが、近年、動物をとりまく状況がめざましく改善している。財政危機下でも犬猫殺処分ゼロの方針を守り、二〇一二年の動物保護法の改正では、世界で二番目に、また欧州では初めて、すべての動物のサーカスなどにおける商用利用を禁止した。この法改正はドイツ連邦動物保護同盟にも非常に評価されたのである。

ユニークな動物保護プログラム

私が初めてギリシャの首都アテネを訪れたのは二〇〇五年の夏である。その際は、まさか自分がそこに住むことになるとはまったく予想していなかった。しかしその後、ギリシャ人の夫と結婚したこともあって、二〇〇七年からアテネに住むことになった。

初めて訪れた二〇〇五年にも不思議に思ったのだが、アテネに暮らしはじめてから、中心地のシンタグマ広場を横切るとき、いつも同じ数頭の犬たちが芝生のうえでくつろいだり、遊んだりしているのが気になった。いつ何時通りかかっても、特定の飼い主らしき人物は見当たらないのだが、同じ犬たちがいる。あるとき、犬たちが似たような青い首輪をし、その首輪には数枚のプレートがつけられているのが目についた。

シンタグマ広場で街の人と親しむ犬たち

広場で暮らしている犬たちは皆、人慣れしているが、なかでもひときわ人懐っこい犬を撫でつつ、首輪についているプレートを見せてもらうと、「この犬はアテネ市役所によって管理されています。勝手に連れて行かないでください」という趣旨のことが書かれていた。その他のプレートには名前と思われるものや番号などが記されていた。

「そういうことだったのか」とひとりで思わず声をあげて納得したのと同時に、アテネ市が野良犬たちをとても柔軟な方法で保護していることに驚きを隠しきれなかった。自宅に帰って、さらに詳しいことを知るために、興奮しつつ、アテネ市のホームページから動物保護に関する情報を読んだとき

シンタグマ広場でボランティアの人から食事をもらう犬たち

のことを覚えている。

そこにはアテネ市が捨てられた犬たちを保護し、適切な予防接種や治療をし、不妊・去勢手術を行った後、街に戻す保護活動が紹介されていた。里親募集のページにも犬たちの写真がたくさん掲載されており、私が犬の首輪につけられていたプレートから読んだメッセージと同様に、「里親はつねに募集していますが、アテネ市が管理しているので、連絡なしに連れて行かないようにしてください」と書かれていた。

この動物保護プログラム（表4―1）によって、犬たちは皆、マイクロチップを装着し、雄犬には青い首輪、雌犬には赤い首輪が着けられている。首輪には名前、管理番号などのプレートがついており、接種済みワクチンやケア中の治療などに関する情報も管理されている。深刻な病気や怪我をしている犬、攻撃性のある犬の場合は治療や訓練のためにシェルターに留まるが、健康で問題のない犬たちは、街中の広場、公園などで自由に暮らしている。

表4－1　アテネ市の動物保護プログラム

経過	内容
開始	●野犬保護プログラムは2003年（アテネオリンピックの前年） ●野良猫の保護は2012年
保護・管理（約2週間）	●路上などで捕獲された犬猫はシェルターで保護 ●保護されると，予防注射や不妊・去勢手術が行われる ●ID 番号や保護の履歴などがわかるマイクロチップを装着
治療・訓練	●怪我や病気があればシェルターで治療 ●攻撃的な犬は問題行動消去のための訓練を受ける
里親・地域	●譲渡会や市のウェブサイトなどで里親を募集 ●里親が見つからなければ，路上生活に即した交通訓練を行い，捕獲した場所へ戻す ●アテネ市，動物保護団体，近隣の住民が世話をする地域犬，猫となる

未曾有の財政危機、動物保護プログラムのゆくえは……

二〇〇九年一〇月の政権交代をきっかけに、ギリシャの財政赤字が発覚、そこからギリシャ危機が始まった。二〇一〇年五月より、IMF（国際通貨基金）やEU（欧州連合）からの融資を受けつつ、財政再建に取り組んでいるが、増税・年金改革・公務員改革・公共投資削減などの厳しい緊縮財政策が課されることとなり、ギリシャは深刻な景気後退に陥った。今もなお、国民に大きな負担を強いる状況が続いており、失業率は二一・二％（ギリシャ統計局、二〇一七年四月～六月）だ。

経済危機で飼い主がペットの食事代などを負担できなくなり、捨て犬、捨て猫も増えた。保護する動物の数は増えたが、プログラムの予算は大幅に削減されていった。動物保護の予算は、二〇〇四年が約一五〇万ユーロ（約一億八〇〇〇万円、一ユーロを一二〇円として計算、以下同）で、二〇〇五年から二〇一〇年までは各年約一〇〇万ユーロ（約一億二〇〇〇万円）だった。しかし二〇一一年以降は財政危機による緊縮政策で徐々に削減され、二〇一三年には二〇一〇年までの予算の約半分になった。二〇一六年には前年に起こった政権交代の影響もあり、約一五万ユーロ（約一八〇〇万円）に削減された。二〇〇四年に比べ、ほぼ一〇分の一の予算になったのだ。

アテネ市の都市整備計画・緑化・環境局で、二〇一六年一一月まで動物保護プログラムを主導したのはアンゲロス・アンドノプロス副市長（当時）だ。彼は獣医師でもある。「人間が他の動物と違う点は何でしょう。それは物事を理性的にとらえることができる点にあります。人間より弱い立場にある〝四本足の市民〟を守り、共存する方法を考えるべきではないでしょうか」と、よくメディアなどで語っていた。緊縮政策により、景気が悪化の一途を辿っていった時期だったが、この方針に賛同する獣医師会や民間の動物保護団体、企業、個人のボランティアまで、さまざまな方面から協力を得て、官民一体の柔軟な方法により、これまで通りの動物保護プログラムを続けてきた。

財政危機下でも動物保護に関してこれだけの予算が割かれることについて、現時点までに市民からの苦情や批判はないということだ。二〇一二年に、アテネ市は野良猫の保護プログラムも開始した。また同年、ギリシャ政府は、二年以内にギリシャ全国の自治体でアテネ市と同様の動物保護プログラムを導入するよう指示した。

2　人と野犬が共存する街、アテネ

世界遺産の神殿に寝そべる野犬

アテネ都心，国立庭園付近で寝そべる野犬たち

ギリシャといえば、世界的なスポーツ大会であるオリンピックの発祥地。二〇〇四年、アテネで夏季大会のオリンピックが開催された際、テレビのマラソン中継からは、アテネの眩しい陽光、歴史的な建造物や白い街並み、乾いた空気感などが伝わってきた。そのなかでも妙に印象に残っていたのは、画面の端にちらちらと映り込む犬たちの姿。オリンピック開催時だというのに、街を自由に闊歩しているように見えた。

今、思い返せば、野犬保護プログラムが施行されていたからだが、オリンピックの翌年の二〇〇五年にアテネを実際に訪れた際、初めてそのような犬たちの様子を目の当たりにし

アクロポリスの遺跡でくつろぐ犬

５つ星ホテルの入口付近で寝そべる犬

た際は驚いた。都心のシンタグマ広場は、交通や観光の拠点となる場所で、元王宮の建物である国会議事堂に面している。周囲には高級ホテルや若者用のユースホステル、旅行会社、カフェ、レストランなどが多く建ち並んでいる。そのような人通りが激しく、交通量の多い中心地のシンタグマ広場には、数頭の犬たちが芝生のうえに優雅に寝そべっている。噴水に飛び込んで遊ぶ犬、子どもたちのボール遊びに楽しそうに参加している犬もいる。皆、そこそこに清潔で毛並みもよく、やせ細っている犬もいない。何より野犬特有の、人を警戒したり、怖がったりする様子がまったくないことにも驚かされた。

広場に面して、五つ星の高級ホテルが三軒、建ち並んでいるが、その入口付近でも数頭の犬たちが寝そべっている。とくに暑い夏場、ひんやりした感触が心地よいのか、エントランスの大理石で昼寝をしている犬がいても、ホテルのドアマンは追い払ったりしない。

シンタグマ広場からすぐのエルムー通りは、さまざまなブランドの店が軒を連ね、観光客や地元の人びとが買い物を楽しむショッピングストリートだ。この通りの高級ブランド店の出入り口付近でも、マットのうえで昼寝する犬がいるが、たいていの店員は追い払うことはせず、話しかけたり撫でたりしていた。店の出入り口で昼寝をしたり、愛想をふりまく犬や猫は少なくなく、まるで看板犬、看板猫としてお客さんの呼び込みでもしているようだ。私の目には温かみのある素敵な風景に映った。

さらに驚いたのが、パルテノン神殿がそびえるアクロポリスへ行った際のことである。世界遺産のアクロポリスは、アテネ観光のハイライトスポットだけあり、世界中から多くの観光客が訪れる。ところが、貴重な古代の神殿の階段でも犬たちが昼寝しているではないか。

ギリシャは毎年、外国人観光客訪問者数で世界ランキングの上位に位置する、欧州でも屈指の観光立国だ。ＳＥＴＥ（ギリシャ観光業協会）の統計によれば、二〇一六年にギリシャを訪れた外国人訪問者数は空路と陸路を併せ、約二九〇〇万人。ギリシャの人口は約一一〇〇万人なので、自国の人口の二・五倍以上の観光客を迎え入れる国なのである。

かの有名な世界遺産の遺跡を見にきた観光客は、犬を起こさないように、長々と寝そべっている犬の体を跨いで、神殿の階段を昇り降りしているのだ。アクロポリス内には係員が何人か配置されているが、よほど邪魔にならなければ、犬たちの自由にさせている。じつに微笑ましい光景である。

抗議活動をする人びとと一緒に行進するルカニコス（EUROKINISSI／TATIANA BOLARI）

アテネの人びとに愛されたデモ犬ルカニコス（EUROKINISSI／GEORGIA PANAGOPOULOU）

デモに参加した犬、ルカニコスの一生

首都アテネでは、政府に対する抗議活動のデモがよく行われる。とくに二〇一〇年以降は、財政を立て直すために施行された緊縮政策に反発するデモやストなどが頻発した。大半のデモはプラカードなどを掲げた人びとが大通りを行進するといった平和的なものだが、たまに大きな騒動になる。そのデモのニュース映像から世界的に有名になったのが、ルカニコスという雄の野犬だ。

アテネの都心で大規模なデモが起こると、ルカニコスは必ずといっていいほど、抗議する人びとの行進に参加した。警察の機動隊とデモ隊の衝突が起こり、催涙ガスや火炎ビンが飛び交うような騒動になっても、最前線で周囲を走り回った。その映像が話題を呼び、アテネのデモ犬として、米CNNや英BBC、アルジャジーラから日本のテレビ局まで、多くのメディアで紹介された。二〇一一年の年末には、米ニュース情報誌『TIME』の特集頁にも登場し、さらに人気者となった。

二〇〇六年に野犬保護プログラムに登録（管理番号一八四二番）され、もともとはソドロスという名前だったが、ソーセージ（ギリシャ語でルカニコ）が大好物ということで、彼を可愛がる人びとからルカニコスと呼ばれていた（ニュースサイト『The Huffington Post』二〇一二年一月九日）。

国会議事堂前で警察の機動隊の前に陣取るルカニコス（EUROKINISSI／TATIANA BOLARI）

大騒動になるデモは、催涙ガスを吸って呼吸困難になる人や怪我人も出るような状況だ。ルカニコスが怪我をしなかったのは、賢い犬だったこともあるだろうが、警察側もデモ側もルカニコスに気をつけて行動していたのではないかと思われる。ルカニコスは、警察の機動隊が盾を装備し、バリケードをつくっている目の前に陣取って吠えたてたこともあったが、その行動によって捕えられ施設に収容されてしまうようなこともなかった。

「ルカニコスはデモで警察に吠えたてたが、絶対に噛みついたりすることはなかった。デモ以外の場所では人に吠えず、仲間の犬と喧嘩もせず、社会性の高い犬だった」（ニュースサイト『Newsbeast. gr』二〇一二年九月一八日／ニュースサイト『LiFO』二〇一四年一〇月九日）という。警察やデモ隊もそんなルカニコスの性質を理解し、好きなようにさせていたのだろう。犬にも行動の自由や抗議の権利が与えられているようで、興味深いと感じていた。

野犬保護プログラムの下、長年、都心の広場周辺で暮らしていたルカニコスに転機が訪れたのは二〇一二年。ついに飼い主を得て、その家族と一緒に暮らしはじめたのだ。ルカニコスの飼い主は、ニュースサイトのインタビューを受けて以下のように語った。

「ソドロス（ルカニコス）は、もともと予防接種や健康診断も受けていますが、もう高齢の犬です。これ以上、デモには参加せず、静かな余生を送ってほしいのです」（『Newsbeast. gr』二〇一二年九月一八日）。私はこの記事を読んで一安心した。ルカニコスがデモで走り回る姿は印象的だったが、怪我や火傷をしないか、いつもハラハラしていたからだ。

二〇一四年五月、ルカニコスは天国へと旅立った。飼い主によれば、引き取った数カ月後から呼吸器系や心臓に問題が出はじめたそうだ。ルカニコスは楽しそうに参加していたデモだったが、催涙ガスや煙を大量に吸い込んでいたことが影響したかもしれないという獣医師のコメントもあった。最期は安らかで、いつも通りの平和な一日を過ごし、カウチのうえでゆったりと寝そべっていたとき、すっと心臓が止まったのだという（ギリシャ紙『Ta Nea』二〇一四年一〇月九日）。

もう少し長生きしてほしかったが、ルカニコスはアテネ市の保護の下、都心の広場などで自由に暮らし、食べ物にも困らず、多くの人に可愛がられた。そして最後の数年間は、特定の飼い主と一緒に平穏な生活を送ることができた。引き取る人がいなければすぐに殺処分されてしまう日本の野犬と比べれば、ずっと幸せな生涯だったのではないだろうか。

ＩＭＦ、ＥＵに楯突いた犬、ルビー

二〇一三年三月、ルカニコスと同様、デモ犬として有名になったのがルビーという雌犬だ。先に述べたルカニコスのようにデモに参加する犬は複数いるのだが、ルビーもそのうちの一頭だ。

ある日、ルビーは、ギリシャの財政再建の進捗状況を監査するためにアテネの財務省を訪れたＩＭＦやＥＵの調査官に対して吠えたために、捕えられてしまった。

その日は、緊縮政策によって職を失ったり、収入が激減して日々の生活に困窮する市民たちが財務省の前に集まり、調査官たちの到着を待ちつつ、抗議活動を行っていた。ルビーはそのデモ隊と行動を共にしていたのだが、ＩＭＦやＥＵの調査官たちが車から降り立つと、まるで抗議するかのように真っ先に吠えたてたのだ。

ルビーは噛みついたりはしなかったが、調査官たちは人に危害を及ぼす犬だとし、アテネ市に対し、ルビーを危険な犬として施設に拘束するように強く迫った。アテネ市はそれを受けてルビーを捕獲、アテネ郊外のシェルターに入れた。そこは人や他の動物に危害を及ぼしてしまう危険性のある犬たちを収容する施設だ。この措置に対して、複数の動物保護団体や市民が疑問を投げかけ、反発した。「誰かに怪我をさせたのならともかく、ルビーは吠えただけだ」と多くの声が寄せられた。ギリシャ国内だけでなく、日本を含む複数の海外メディア（『朝日新聞』二〇一三年四月一日夕刊）もこの成り行きを報道するなか、アテネ市は三月三一日までに、ルビーの拘束を解き、もともと居た場所に戻したと発表。ルビーはまた都心の路上に戻り、自由な暮らしを再開することができたのである。国によっては、人に危害を及ぼした野犬として即殺処分になってしまいそうな事例だったため、私もこの顚末を聞いてほっとした。そして、やはり動物との共存を意識しているアテネでこそとられた措置だと納得した。

アテネの人びとの動物保護への理解

街を自由に歩く野犬、猫を捕獲して、治療や不妊・去勢手術をし、マイクロチップを装着して登録する。その後、譲渡会などで飼い主が見つからなければ、捕獲した路上に戻し、アテネ市の動物保護課、動物保護団体、近隣の住民が世話をする地域犬、猫となる。

このような動物保護プログラムが機能しているのは、街の人びと、アテネ市民の理解も大きな要因だと考えられる。私は今までに野犬保護プログラムについて記事を書いたり、テレビ番組で紹介したりしてきた。あるテレビ番組では、この犬たちの暮らしぶりを紹介する際に、広場にいた人びとに、犬たちについての意見を聞いてみたことがある。その際、「ひとりで飼えない人がいるなら、大勢で面倒みようという発想は悪くない」という意見が多かった。もちろん反対意見の人もおり、「動物が苦手なのでこの方法に賛成ではない。けれど人間の勝手な都合で捨てられたのだから、誰かが面倒みないといけない。生き物なのだから放置はできない」と語った。アテネとその周辺でも動物虐待や毒まきなどの事件は起こってはいるが、基本的に多くの人が行き交う街の通りや広場などにおいて、地域犬は許容されている。人を怖がる犬はめったにいないし、リラックスして、悠々と寝そべっている姿からもそれは感じ取れる。インタビューした人たちからは、人間の都合だけを優先せず、動物の置かれた状況を思いやる姿勢が感じられた。

このアテネ市民の寛容さは、もちろん動物のみに向けられたものではなく、子どもや高齢者、ハンディキャップのある人びとなど、弱者への配慮も同じ姿勢に根差していると感じる。私はアテネに住んで育児をしているが、ベビーカーで外出する際、地下鉄やバスなどの公共交通機関で周囲の人が本当によく手助けをしてくれる。地下鉄やバスの乗客が、高齢者や妊婦、怪我をしている人などに席を譲ったり、車いすの人を助けたりする行為を見かける機会は、日本に比べて圧倒的に多い。

アテネはオリンピックの数年前に完成した新しい地下鉄路線や空港などのインフラは別として、都心の旧市街などは古くてデコボコの石畳が多い。大きな通りや公共の施設なども、日本と比較すると明らかにバリアフリー化が遅れている。しかし車いすでアテネを観光しに来た日本人旅行者から、博物館や観光名所、公共交通機関などで係員の人だけでなく、居合わせた一般の人びとの対応が、本当に親切ですばらしかったと報告されたことがある。動物に配慮できる社会は、社会的弱者にも優しい社会なのではないだろうか。

3 アテネ五輪と画期的な野犬保護プログラム

いわゆるＴＮＲ（Trap／捕獲し、Neuter／不妊・去勢手術を行い、Return／元の場所に戻す）は、日本でもよく地域猫の保護活動などで実施されているものだが、犬では珍しい。このユニークな野犬保護プログラムは、オリンピックを控えたギリシャの首都アテネにおいて、どのように進められていったのか。詳しい経緯を紹介していこうと思う。

アテネオリンピック以前のギリシャにおける動物保護の取り組み

アテネ市の野犬保護プログラムは、アテネオリンピック前年の二〇〇三年に開始された。それ以前、アテネ市役所には街の野良犬、野良猫などを管理する適切な部署が存在しなかった。主に民間の動物保護団体や、獣医師を含む個人のボランティアが野良の動物たちの世話をしていた。市役所では大きな問題が出た際、陳情を受けた担当者が場当たり的に処理していたという。

私の飼っている猫のかかりつけ獣医であり、動物保護団体とも連携してＴＮＲ活動などを行っている獣医師のイオアニス・グリノスさんは、オリンピック以前のギリシャの動物保護の状況を次のように語る。

アテネでは民間の動物保護団体が非常にレベルの高い活動をしており、野良の動物たちは、地方に比べて大事にされていたと思います。ただ一般の人は、動物たちの不妊・去勢手術という発想はなく、給餌だけするパターンが多く、とくに猫は個体数がどんどん増えていってしまう状況でした。また都心の動物は、レストランなどの残り物などをもらって生きており、肥満など健康問題を抱えているケースが多くありました。

当時、アテネの一般の人びとのあいだで、ＴＮＲ活動はあまり理解されていなかったということだ。地方では、野生動物の保護に本格的に取り組む動物保護団体などは存在したが、一般の人びとが犬や猫をペットとして飼う際に、不妊・去勢手術や予防接種のために獣医に連れていくケースはまれだったという。地方の町や村などにおいて、大半の飼い犬は放し飼いにされており、人間が管理するという発想はあまりなかった。子犬や子猫が産まれると、引き取り手は探すが、見つからないと山中などに遺棄してしまう人もけっこういたそうだ。後にも詳しく述べるが、ギリシャの動物保護に対する人びとの意識は、首都アテネと地方では大きな格差があったとみられる。

殺処分ゼロへの道のり

そのような状況のギリシャで、アテネ市の野犬保護プログラムはどのように決定され、現在のように機能するまでどんな道のりをたどってきたのだろうか。二〇一七年三月六日、アテネ市の都市整備計画・緑化・環境局内に設置された、市街の動物全般の保護に関する部署（動物保護課）を訪ねた。この部署の責任者であり、生物工学・農学博士のアナスタシア・マルカドナトゥさんにインタビューし、詳しい経緯を伺った。アテネ市の野犬保護プログラムはこの部署が管轄している仕事のひとつだ。農業開発・食糧省とも連携している。彼女の指揮の下、動物保護課では三二名の職員が働いている。

二〇〇三年、翌年のアテネオリンピック開催を前にして、まず街を歩き回っている野犬をどうするのかという大問題が持ち上がった。アテネ市役所の関係者とアテネ市議会において、大多数の意見は野犬の殺処分に反対だったため、保護することを前提として議論が進められた。アナスタシア

アテネ市動物保護課の職員さんと一緒に
（左から３番目が責任者のアナスタシア・マルカドナトゥさん，４番目は私）

さんは当時の状況を次のように語った。

ギリシャ人は、オリンピックが古代ギリシャのオリンピアの祭典を元にしていることを誇りに思っています。一八九六年の第一回近代オリンピックもギリシャで開催されました。それがまた二〇〇四年にギリシャで開催されるのは喜ばしいことでしたが、オリンピック開催のために、動物を排除し、大量に殺処分するというのは健全ではない、正当化されることではないという意見が多かったのです。

よって犬たちに治療や予防接種をし、不妊・去勢手術をして捕獲した場所に放すという法案がまとめられ、国会に提出されることとなった。法案はギリシャ議会で審議、可決された（動物全般及び飼い主のいない動物に関する保護管理法　法律発行番号三一七〇、二〇〇三年／二〇〇五年に法改正）。しかしプログラムの施行前には、一部の反対する市民の意見や予想以上に多いとみられる野犬の数など、さまざまな問題点があった。そこで、まず試験的なプログラムとして、アテネ都心のある地区で二五〇頭の野犬を対象に保護活動が行われた。

いちばん大変だったのは、賛成派と反対派の調整でした。反対派の人びとには二つのタイプがありました。まず動物が嫌いな人たちで、害を及ぼすかもしれない犬たちが街中を歩いているのは嫌だという人たち。それと逆に、動物は好きだけれど、不妊・去勢手術などして管理はすべきでない、完全に自由にさせるべきだという意見の人たちでした。

「街中に犬がいるのは危険だ、殺処分しろ」という意見に対しては、人間が身勝手な理由で捨てたのだから、人間が面倒をみるべきではないかという点を納得のいくまで話し合ったという。また攻撃性のある犬は病気や怪我で気が立っていたり、虐待の過去など、何かしら問題を抱えていることが多く、治療や訓練、しつけによってそれらが解決されればめったに人に嚙みついたりしないことを何度も説明したそうだ。

「自由にさせて管理すべきではない」という意見の反対派には、管理しなければ犬たちが病気で苦しんだり、不妊・去勢手術をしないと飼い主のいない不幸な犬たちがどんどん増えてしまうことを繰り返し説いた。「とにかく忍耐強く反対派の人びとと向き合って、納得のいくまで語り合いました」。

捕獲した犬たちのなかに、人に噛みつこうとするなどの問題行動のある犬はいたが、獣医師やドッグトレーナーの指導の下、適切な治療やトレーニングが行われれば、大半の犬が落ち着いた性格になるので、飼い主が見つかったり、もともと居た路上に戻された。

オリンピックまでにＴＮＲが実現！

幾度にも及んだ説得の結果と、実際に治療や訓練を受けて戻った犬たちに問題行動がなかったこともあり、反対派の人びとは次第に理解をみせるようになってきた。試験的なプログラムが一定の成果をあげたことで、徐々にアテネ都心全体に範囲を広げていき、二〇〇四年のオリンピック開始までには機能させることができたという。

ちなみに先に述べたデモ犬ルビーも、メディアに取り上げられて注目されたからではなく、プログラムに沿って、問題行動に対する一定の訓練をシェルターで受けた後、路上に戻されたわけだ。

ルビーに限らず、市民から問題行動があると連絡された犬も、私たち動物保護課のスタッフが確認して、必要だと判断されれば一定期間、シェルターでトレーニングを受けます。その後、シェルターに留まることはめったにありません。

問題のない犬たちもシェルターにいる期間に、街中で車やバイクなどに接触しないように交通訓練を受ける。私は、都心の犬たちがもともと暮らしていた場所とはいえ、交通量の多い場所でまるで信号のシステムを理解しているかのように人の後について横断歩道を渡る姿を見るにつけ、いったいどのように習得したのか、疑問に思っていた。彼らが基本的な交通ルールを理解しているのは、シェルターで一通り、トレーニングを受けていたからなのだ。

犬をTNR、訓練などの後、捕獲した場所に戻せるのは、ギリシャ、とくにアテネの温暖な気候が大きな要因となっているだろう。地中海性気候で、年間を通し三〇〇日前後が晴天で雨が少ない。冬は北部や、南に位置する地方でも山間部は積雪がある。しかしアテネに雪が降る日は年に一、二度あるかどうかという程度で、人びとも分厚いコートを着る日は少ない。そのような過ごしやすい気候なので、屋外で暮らす犬たちも凍える心配はない。動物保護課でも、将来的にはその気候を利用し、トレーニングセンターを兼ねた野外のドッグパークをアテネ郊外の数カ所に設置することを計画しているという。

アテネ市の動物保護課が開催した犬の譲渡会

野犬の数は減少

二〇〇三年のプログラム開始時から二〇一七年三月時点までに、五七九五頭の野犬を捕獲し、ＴＮＲ、治療と訓練の後、これまでに飼い主が見つかった犬は一七四九頭。経済危機の影響で、一時的に野犬の数が増えた時期もあったが、飼い主を得た犬は約三割に達しており、この時点で、二〇一二、二〇一三年の頃に比べ、野犬の数は減少している。また二〇一七年までに病気や老衰などで死んだ犬は九四六頭。都心で暮らしてきた地域犬の多くが高齢になり、ルカニコスのように野外生活で体調を崩しがちになってきたため、動物保護課や民間の動物保護団体が優先的に里親をみつけているそうだ。実際、シンタグマ広場やアクロポリス周辺でよく見かけていた犬たちの数はかなり減った。

二〇一七年三月の時点では三一〇〇頭がアテネ市の管理下に置かれているが、これらの犬たちはアテネ都心で活動する主に一五ほどの民間動物保護団体に数十頭から数百頭ずつ属しており、市と団体の双方が連携してケアや里親探しにあたっている。

アテネ郊外のショッピングモールでの譲渡会（2016年10月）

現在はアテネ郊外のマルコプロに、アテネ市で保護された犬猫のためのシェルターがある。路上で生活していた犬猫は、シェルターにて予防接種、不妊・去勢手術、登録などのため約二週間過ごす。その後、もと居た場所に戻される前に、飼い主を募る譲渡会に参加する。アテネ市のホームページには動物たちの写真が掲載され、随時、里親を募集している。しかしドイツのティアハイムのように、まだ市民に施設の存在があまねく知られているわけではないため、譲渡会は主に都心の広場やショッピングモールなどで行われる。譲渡会は食べ物や子どものおもちゃなどの屋台が軒を連ね、バザーが催されたりと、お祭りのような明るい雰囲気のなか、多くの人びとが訪れて賑わう。しかし虐待や飼育放棄を防ぐため、里親希望者には厳しい飼い主審査をする。動物を飼ううえで知っておいてもらいたいことを話し、飼い主の責任が果たせると判断された人にのみ譲渡する。

高齢の犬や猫を希望する人もけっこういます。高齢者の場合は、若くて活発に動き回る犬猫より、落ち着きのある年齢に達した犬や猫が適しているので、積極的にすすめています。ただ飼い主が高齢だと、動物より先に亡くなるケースもあり得るので、その場合は誰が飼いつづけてくれるのかなどの条件も取り決めます。

また飼い主審査では、実際に住居を訪ね、動物を飼育するのに適切な環境かどうかも確認する。その後も動物が食生活や医療面などから健康的な生活を送っているか、犬の場合は散歩なども毎日行っているか、犬種に準じた十分な広さのある空間で飼われているかなど、定期的に訪問してチェックしている。

こうして、年を経るごとに軌道にのっていった野犬保護プログラムだったが、そこに〝ギリシャ危機〟という大きな試練が訪れた。

4　財政危機でもここまでできる

十分の一に削減された予算

動物保護プログラムは、財政危機による緊縮財政の影響を受けることとなった。ギリシャは二〇一〇年五月からIMFやEUから融資を受けており、それと引き換えに厳しい緊縮政策が幾度も繰り返されている。先述のように二〇〇四年は約一五〇万ユーロ（約一億八〇〇〇万円）の予算が割り当てられていた。二〇〇三年と、二〇〇五年から二〇一〇年までは毎年、約一〇〇万ユーロ（約一億二〇〇〇万円）だった。しかし二〇一一年から徐々に削減され、二〇一三年には約五〇万ユーロ（約六〇〇〇万円）まで半減。二〇一六年は、前年に起こった急進左派連合への政権交代も影響し、約一五万ユーロ（約一八〇〇万円）となった。農業開発・食糧省から約二五万ユーロ（約三〇〇〇万円）が鳥類の管理や害虫駆除なども含むアテネ市街の環境保全や動物全般のために割かれており、そこから補塡はされるものの、当初と比べると十分の一まで削減されたことになる。

一方、経済危機が始まって捨て猫が増え、野良猫対策に本格的に取り組まざるを得なくなり、猫の保護プログラムは二〇一二年に開始された。野良猫保護プログラムの二〇一七年の予算は六万ユーロ（約七二〇万円）だ。二〇一六年までに動物保護課が捕獲した猫は一〇六八匹だが、警察や消防によって救出されたり、市民によって持ち込まれた猫も多く、明確な数が把握されていない。治療を受けた猫は四九四匹、不妊・去勢手術を受けた猫は六五四匹だ。人手が圧倒的に不足しているうえ、猫は犬に比べて捕獲が難しく、TNR活動がなかなか進まない現状がある。繁殖期に子猫が多数保護され、食事代の負担が大きくなる。アナスタシアさんは困難な状況を次のように語った。

繁殖期にたくさん保護される子猫のために、先を見越して早めに資金を申請してもなかなか支給されないことが多いです。実際のところ、ペットフード産業などの民間企業や動物保護団体、個人の寄付などがなかったら立ち行きません。

資金と人手不足のなか、どのようにして乗り切っているのだろうか。

アテネ北部の集合住宅の庭で，個人ボランティアの人びとがくれる食事を待つ地域猫

官民が連携して保護活動を推進

幸いなことに、二〇〇三年に開始した野犬保護プログラムが軌道にのりはじめた二〇一〇年までの数年間は資金が十分にあり、施設や設備などを整えることができた。またスタートしてから今までの期間に、以前は別々に活動していた動物保護団体や個々のグループと、アテネ市の動物保護課が、連携して活動するようになってきていた。ハード面とソフト面の両方が構築されていたことが、この経済危機下の状況を乗り切れている最大の理由だという。

この保護プログラムは二四時間体制を必要とします。まず毎日しなければいけない仕事として保護下の犬や猫たちの見回りがあり、彼らに食事や水を与えたり、排泄物の掃除をしたりと多くの仕事があります。加えて、保護下の犬や猫の病気や怪我のケア、問題行動のある犬や新しく発見された犬猫など、市民から動物に関する多くの通報があり、スタッフが専用のトラックで駆けつけ、獣医師の下やシェルターに運んだりと、迅速に適切な処置を施さなくてはいけません。

緊縮政策による公務員の人員削減でスタッフが減り、三二名が二四時間をシフト勤務で活動しているが、この人数では限界がある。しかしプログラム開始時から一〇年以上が経ち、アテネ市の清掃スタッフや複数の動物保護団体、獣医師を含むボランティア団体などとの協力関係が着実に育っており、それらの人びととの連携作業がスムーズに行われている。アテネ都心では一六名の獣医が保護プログラムに協力を申し出て登録しており、動物の怪我などの場合、いちばん近くにクリニックを構えている獣医が対応してくれる。このプログラムに対しての社会的なコンセンサスが確立してきているのだ。

アテネ都心では「アテネ都心 動物の友の活動」(Filozoiki Kinisi tou Kentrou tis Athinas)、「命を尊重する会」(Somatio Sevasmou Zois)、「アクロポリス周辺 飼い主のいない動物の保護団体」(Enosi Prostasias Adespoton Akropoleos)など、主に一五の動物保護団体が活動しており、大きな力になっているという。「彼ら以外にも、どこの団体にも所属せずに個人や少数のグループで活動している数えきれない支援者たちがいます」。

私が街で注目していたのは、繁華街の店舗の人びとが、自店の入口付近を掃除する際に、周囲の道路の犬の糞をあたりまえのように片づけている光景だ。アテネ市の動物保護課や清掃スタッフが働いていても、二十四時間すぐに排泄物の始末はできない。もちろん店の人びとは集客のためもあって、周囲を清掃しているわけだが、店舗などから犬の排泄物に関する苦情はめったにこないそうだ。街の人びとのひとりひとりが動物保護に関して当事者意識を持ち、何らかの活動をより自発的にするようになっている。このプログラムが人びとの理解をじっくり得てきたからこそ、予算が大幅に削減されても機能しているといえよう。

貧困層の増大と動物保護課のサポート

もうひとつの大きな問題は、ギリシャ人の生活が、失職や給与カットにより著しく苦しくなっていることだ。経済危機によって施行された緊縮政策により、公務員の人員削減や民間企業でのリストラ、段階的な給与カットなどが行われた。二〇〇九年から二〇一四年の六年間で、中間層の約二割の人びとが貧困層に転落した（ギリシャ紙『To Vima』二〇一六年六月一二日）。

私の周囲でも、共稼ぎの夫婦が二人の小学生の子どもを持つ家庭で、収入が激減したケースがある。父親は公務員で、二〇一〇年からの度重なる給与カットで月給が以前の半分近くまでカットされた。母親は民間企業勤務だが、同様の状況で、夫婦の月給の合計が六五〇〇ユーロ（約七八万円）から三六〇〇ユーロ（約四三万円）になった。子どもたちは私立の学校から公立へ転校したりと厳しい状況にある。大型犬を飼っていたが、犬の食事代や医療費などに余裕がなくなってきた。幸い、母方の祖父母が犬を引き取ったが、そのような家庭の話はよく耳にする。犬や猫の里親になったものの、経済的な理由により、動物を手放す人はいないのだろうか。アナスタシアさんと動物保護課の複数の職員が、次のように述べた。

アテネ市や動物保護団体などからの譲渡では厳しい飼い主審査があるし、動物は皆、登録されていて、譲渡後にも定期的な訪問があるので、飼育放棄はめったにありません。しかしペットショップなどで安易に動物を買ってしまった人が捨てていると思われるケースは増えました。財政危機で生活苦に陥り、ペットを捨てる人がいなければ、野犬や野良猫の数はもっと減ったと思います。

市や動物保護団体から譲渡された犬猫はマイクロチップを装着しているため、所有者不明という事態を防ぐことができる。しかしペットショップなどで購入された犬猫は、チップによるＩＤ登録が徹底されていないため、所有者が明示されない。これが安易な飼育放棄を助長する。

また動物保護課から譲渡された動物たちは、スタッフが家庭へ定期的な訪問をするため、相談などを通して、支援を受けたりすることができ、問題が解決されて飼育放棄が起こりにくい。経済危機で失職したり、収入が激減したため満足な食事を与えられない、予防接種などの負担が大きいという飼い主からの相談は増えているそうだ。それでも飼い主と動物のあいだに信頼関係があり、愛情を持って飼いつづけたいという姿勢がみられる場合は、動物保護課がペットフードを配給したり、予防接種を行ったりして、飼い主の経済的負担を減らし、そのまま飼いつづけられる措置をとっているという。

「飼い主と動物のあいだに愛情が育まれているのに、経済的な理由で引き離してしまうのは動物保護の観点からも本末転倒です。動物がまた路上生活に戻るよりは、一緒に住みつづけてもらって、必要な物資援助は私たちがするようにしています」。これはとても柔軟な対応策だと感じた。

経済危機下、アテネ市の動物保護プログラムは、動物保護先進国ドイツのように保護施設にいる動物の九割近くが市民に引き取られるような状況は期待できないし、十分な資金による整然としたシステムがすぐに構築できるわけではない。しかし行政と市民が協力し合って、臨機応変に対応しながら前に進んでいく点は、日本もおおいに見習うべきであると感じるのである。

人と動物の関係をホームレスに学ぶ

また経済危機により、アテネ都心部のホームレスの人びとも増加した。ホームレスの人たちのための保護施設もあるのだが、そこには入りたくない人が路上生活をしているのだ。その人たちのなかには、街中で暮らしている犬を可愛がり、生活を共にしているケースがあるという。アナスタシアさんが、心に残っている出来事について語ってくれた。

ホームレスの人たちにとって、犬たちは癒しの存在になっているようです。犬たちも毎日一緒に遊んだり可愛がったりしてくれる人びとがいると、性格がより穏やかになったり、リラックスしている様子が見られるようになります。双方が心理的に良い影響を受け合っているのはすばらしいことだと思います。動物保護課も毎日見回りをして犬たちの状況を把握していますが、ホームレスの人たちがこの犬のぐあいが悪い、あの犬が怪我をしているなどの報告をしてくれたりするのも助かります。

あるホームレスの男性は、特定の犬をいつも可愛がっていた。犬もその男性によくなついており、行動を共にするようになった。たまにどこか遠くに散歩に行っても、日が暮れると必ず男性のもとに帰ってきて、夜は一緒に寝るそうだ。動物保護課では男性の了承も得て、彼をその犬の正式な飼い主として登録した。それが励みになり、男性は犬と自分の生活をより良くするために月に数日、働くようになったという。

社会福祉とは、すべての市民に幸福と社会的援助を提供するという理念を指す。でもそれは個人の所得を一定水準まで上げるという金銭的なものだけではない。経済危機のさなかで、動物保護プログラムを通じ、人間と動物がおたがいを必要として助け合い、幸せや生き甲斐を感じるようになっている。それが心の豊かさにつながるということを教えられたエピソードであった。

5　動物保護管理法とギリシャの課題

ギリシャ全国での課題

二〇一二年、ギリシャ政府は全国の自治体に、アテネ市の動物保護と同様のプログラムを、二年以内に導入するよう指示した。財政危機の影響で、まだ完全にギリシャ全国で施行されてはいないが、アテネ周辺の複数の市では同様の保護活動が開始されている。ギリシャの人口は首都アテネ周辺に集中しているが、行政区分でアテネ市と呼ばれるのは面積三八・九六平方キロメートルの都心のみだ。アナスタシアさんは次のように提案する。

行政区分としてのアテネ市であるアテネの都心だけなら、人口は約六六万人です。この規模であれば、日本なら地方都市になると思いますが、穏やかな気候の地域ならば、試験的にこのような野犬保護プログラムを行ってみる価値はあるのではないでしょうか。日本ならギリシャほどの資金面の問題もないでしょうし、私たちギリシャ人よりずっと几帳面で計画的な国民性が知られています。殺処分をする代わりに、行政が動物保護団体や学生を含むボランティアの人びとと協力関係を築いていけば、意義のある試みとなるでしょう。

アテネ都心の周辺に、各省庁や大使館、住宅街などが広がる衛星都市が数多くある。そしてアテネ都心のオモニア広場から約八キロメートルほど南西に、ギリシャ最大の港湾都市ピレウスがある。ピレウスとその周辺の市や近くの島々、アテネ都心と周辺の衛星都市をすべて包括してアティカ地方と呼ばれる。ギリシャの人口は約一一〇〇万人で、そのうち約三八〇万人、約三分の一弱がアティカ地方に集中している。今ではこのアティカ地方で、一八の市の市役所もアテネ市と同様の動物保護プログラムを実施している。

エーゲ海サントリーニ島の路地で気ままに過ごす犬たち

また外国人観光客が多く訪れるエーゲ海のリゾートの島々では、動物保護に関して配慮の必要があり、行政のシェルターがある島も増えてきている。ただ財政危機以後は運営が大変で、野良猫の保護までは実現できず、主に野犬の保護を行っているケースが多い。どの島の活動も、動物保護に関心のある観光客や市民の寄付に助けられている状況だ。

島にはドイツやオランダなど動物保護先進国とさ

サントリーニ島のホテルの敷地内。オーナーが十数匹の地域猫の面倒をみており，各所で猫たちがくつろぐ

れる他の欧州国から移り住んだ人たちもおり、その人びとが主導してＴＮＲ活動などを行う、動物保護団体や民間グループが数多く存在している。ロドス島の個人ボランティアの方によれば、市民のあいだでも猫の個体数が増えつづける危機感があるためか、飼い猫の不妊・去勢手術は行う人が多い。しかしまだ飼い犬に関しては不妊・去勢手術を行わない飼い主が多いということだ。

　本土に関していえば、アティカ地方以外では、いまだに近代的な動物保護の意識があまり浸透していないのが実状だという。飼っている犬猫を獣医に連れて行って予防接種や必要なケアをすることも積極的にしない人が多い。また十数年前のアテネのように、動物に不妊・去勢手術を受けさせるという考え自体があまり理解されていない。野良犬や野良猫に食事を与えている人は多いものの、食事だけを多く与え、不妊・去勢手術をしないので、とくに猫の場合はどんどん個体数が増えていってしまう。先述のように、アテネ市保護下の犬の数は減少傾向にあるが、動物保護団体によれば、ギリシャ全国では、飼い主のいない犬の数は、経済危機以後増加しているという報告もある。

また犬や猫に人間の食事の残り物をあげてしまうケースも多いという。「人間の食事を動物に与えてしまうと塩分を摂りすぎてしまいます。また玉ねぎなど、犬猫にとって中毒症状を引き起こすものが混ざっていることも多いです。しかしとくに高齢の人びとにはあまりそういった知識もなく、教えてもなかなか行動を変えようとはしないのです」。まずは地方でも行政や動物保護団体がもっと啓発活動をして、人びとの動物保護に対する意識を変革していくことが今後の課題だ。

数年来の景気後退が続いているギリシャ。私が二〇〇七年から当地で暮らしてきたなかでも、周囲の人びとの生活の質が著しく低下していったのを目の当たりにしてきた。首都アテネでは、とくにここ二、三年で経済危機の前と比べ、あらゆる行政サービスが滞っている。しかしこの動物保護プログラムは、大幅に予算を削減されても、動物との共生をめざす人びとの思いが行動につながり、活動を維持できている。未曾有の不景気のなかでも、多くの企業や動物保護団体、個人ボランティアが、労働力や資金、物資を動物保護のために割いていることも特筆すべきだ。

動物虐待の罰則強化

二〇一二年一月三一日、ギリシャ議会において、一九八一年に制定された動物保護管理法の改正案が全会一致で可決した（法律発行番号四〇三九、二〇一二年二月二日）。主に動物虐待の罰則の強化に関する改正案だったが、飼い主の義務も強化された。

犬や猫の飼い主となったら生後二カ月以内、または入手時から一カ月以内に獣医師にかかり、必要な治療や予防接種などを行わなければならない。獣医ではその動物の管理番号が登録されることとし、その後、医療情報を記録する手帳を飼い主が保持することや、所有する動物の生涯に渡る健康管理、予防接種なども義務化されている。動物が死んだ場合もかかりつけの獣医師に届けなければいけない。つねに動物を清潔に保ち、居住空間にも配慮し、犬の場合は散歩も必須となる。これらに違反した場合は三〇〇〜五〇〇ユーロの罰金となる（飼い主の義務に関する具体的な細則や罰金の金額は、二〇一四年にさらに改正され、詳しく取り決められた）。

殺処分ゼロを実現し、行政と民間双方が協力して動物保護プログラムを軌道にのせているアテネ周辺だが、経済危機の影響もあり、飼育放棄が増え、虐待、毒まきなども起こっている。抑止策として法整備をし、具体的な取り決めや罰則を強化していく方向に舵を切ったのである。

動物保護団体などに評価された点は、動物虐待に関する罰則の強化だ。動物虐待をした者は、五〇〇〇〜一万五〇〇〇ユーロの罰金を支払わなければならない。しかしもっとも軽い量刑でも罰金だけでは済まず、原則一年以下の禁錮（刑務所で労働を科されない）となる。再犯の場合、罰金は一万〜三万ユーロで、初犯の判決の倍以上の金額になり、二年以下の禁錮となる。一度でも動物虐待の前科がある人は、ペットの飼育が永久的に禁止となるなどの内容も含まれている。
また自動車やバイク、自転車などの運転中に、動物に接触して交通事故となり、怪我を負わせた動物を獣医に運ばずに、放置したまま立ち去ると、動物虐待と見なされ三〇〇ユーロの罰金となる。

欧州初、サーカスでの動物使用禁止法

二〇一二年の法改正で、もっとも大きな成果とされたのは、第一二条において、すべての動物のサーカスなどにおける商用利用を禁止したことだ。闘犬、闘鶏はもちろん、エンターテイメント施設でのショーや、フェスティバル、ミュージカルなどでの営利目的の動物の使用についても言及しており、街中で動物に芸をさせたり、路上で見世物にする行為なども禁止事項に含まれている。サーカスで動物を所有していた場合は、一頭につき二万ユーロの罰金だが、罰を与えるなどの虐待があったと見なされた場合は一頭につき三万ユーロの罰金となり、二年以下の禁錮が科される。

ギリシャにおいて、サーカスでの動物使用禁止の法改正運動を主導してきたのは、一九九二年に設立された野生動物保護団体アルクトゥーロス（Arktouros）だ。ギリシャ北部のマケドニア地方を拠点とし、狩猟が禁止されている自然保護区で、主に野生の熊の観察、保護活動をしている。サーカスや大道芸人などに捕えられた子熊が調教され、芸をさせられているのを救出、保護した後に野

生で生きていくための訓練を施し、自然環境に戻す活動をしている団体だ。他にも野生のオオカミや鹿、カワウソ、バルカン半島一帯に生息するジャッカルなどの保護活動も行っている。

アルクトゥーロスは「ギリシャから動物のサーカスをなくそう」というキャンペーンを二〇〇七年から行い、サーカスでの動物使用に反対する署名を地道に集めてきた。またサーカスで熊などの野生動物を狭いケージに入れて鎖につないで飼育している状況や、命令に従うように電気ショックを含む暴力的な調教を行い、食事を与えないなどの罰を与えて芸を仕込む証拠写真や映像などを、ギリシャ議会やEUの欧州議会などにも提出してきた。

他にも多くの動物保護団体がアルクトゥーロスの活動に賛同して、サーカスでの動物使用禁止の法改正運動を長年に渡って展開してきた。欧州は動物保護が進んでいる国が多く、オーストリアなど数カ国ではすでに野生動物の商用利用は法律で禁止されていた。しかしサーカスにおけるすべての動物の商用利用禁止の法律制定は、二〇一二年二月時点において、世界で二番目であり、欧州初となった（ギリシャ紙『Kathimerini』二〇一二年二月一一日）。

このサーカスでの動物の商用利用を禁じた第一二条に関しては、欧州の動物保護先進国ドイツでも評価された。ドイツ連邦動物保護同盟は「ギリシャでは、サーカスで動物を使用することを禁止することになった。ドイツおよび欧州もこれを前例として、見習わなければならない」とウェブサイトにコメントを掲載した（二〇一二年二月六日）。

その後、ドイツでは二〇一六年五月に、連邦参議院（各州の代表からなる議会）では野生動物のサーカスでの使用を禁止することで合意している。しかし二〇一八年一月の時点では、まだ連邦議会（日本の衆議院に当たる）において、議論は行われていない。

ギリシャにおけるペット産業規制と課題

飼い主のいない不幸な犬猫が増えてしまう一番の原因は、子犬や子猫をモノのように〝大量生産〟し、売りさばくことで利益を追求するペット産業（ペットショップやブリーダー）の存在だ。ギリシャの政党、緑の党は、ペット産業に対して更なる法改正や取り締まりの強化を要請している。

ギリシャでは、生体販売自体を明確に取り締まる法律はないが、二〇一二年の法改正で、ペットを飼育する適切な環境が詳しく取り決められたので、それらの条件を満たせないペットショップが多くなった。二〇一四年の法改正では、犬猫の五六日規制（八週齢規制）に違反すると、一匹につき一〇〇〇ユーロの罰金、資格のない者が動物取扱業をした場合、一匹につき一〇〇〇ユーロの罰金と罰則が強化された。この五年ほどで、法規制や経済危機が影響したこともあって、アテネ周辺において生体販売をしている店舗は徐々に減ってきた。二〇一八年一月、アテネの都心や私の住むアテネ北部の住宅街で、十数軒のペットショップをまわったが、犬猫の生体販売をしている店は見当たらなかった（鳥類やマウスなどの小動物は条件を満たせるため、ケージのなかで飼われて販売されていた）。

私の猫のかかりつけ獣医のイオアニスさんは、ドイツのベルリン自由大学で獣医学を修め、ドイツとギリシャ両国で獣医師として働いてきた。彼は「アテネも数年前に比べれば、ほぼすべてのペットショップが生体販売をやめて、ペットフードやペットの医薬品、グッズなどのみを売る店になってきており、法規制による一定の効果はあったと思います。しかし店頭には出していないものの、裏で生体販売を行っているような店がまったく存在しないとは言い切れません。行政による取り締まりの強化はもちろん、市民がそういう背景を知り、目を光らせるべきです。動物保護の進んでいるドイツなど他の欧州国でも、どれだけ法整備をしたとしても、いたちごっこのように脱法行為をして儲けようとするペット産業はいつでも存在し得るのです」と語る。

緑の党は「二〇一二年の動物保護管理法の改正は意義あることだが、実効性を高めねばならない。経済危機による公務員の人員削減で、農業開発・食糧省は違法行為をしているペット産業を十分に取り締まっているとはいえない。ペット産業で流通している子犬の大半は、東欧のウクライナ、ルーマニア、ハンガリーなどで〝大量生産〟されている。子犬は、母犬と一緒に過ごすべき生後八週以前に引き離され、心身ともに衰弱している状態だ。不衛生で狭いケージに詰め込まれるなど、苛酷な状況で輸送され、ギリシャや他の欧州の国々で売られている。欧州全体でこの流通過程を規制し、違反者を厳しく摘発すべきである。それをしないことには、いくらＴＮＲ活動をしても不幸な動物は減らない」と主張している（ギリシャ紙『Eleftherotypia』二〇一三年四月五日）。
イオアニスさんによれば、法改正後、不適切な環境で生体販売を行っているペットショップに対して、行政による取り締まりは十分ではなかったので、依然として販売を続ける店が存在したという。しかし行政の代わりに、多くの動物保護団体がそのような店を訪れ、飼育環境が違法ではないかと抗議し、徐々にそのようなペットショップが減っていった。今では賞味期限のせまったペットフードなどを動物保護団体に寄付するなどして、彼らと厚い信頼関係を築いている店もたくさんあるという。「今後のギリシャの課題は、東欧から仕入れた子犬や子猫を闇で取引している悪質なブリーダーです」。イオアニスさんだけでなく、多くの関係者からそのような声が聞かれた。

悲惨な境遇の犬猫を減らすためには、まず市民ひとりひとりが、動物を虐げているペット産業の構造的な問題点を知るべきである。そしてペットショップやブリーダーから、安易に動物を買わないという認識を持つことが肝要であろう。さらにいくら啓発活動を高めても、子犬や子猫の〝大量生産〟の供給源を断ち切らなければ、この問題は解決できない。多くの動物保護団体からも、ギリシャ国内で闇取引をしているブリーダーに対する取り締まりの強化や、欧州全体における動物の流通規制の必要性を説く声が多く上がっている。

おわりに――人と動物が共生する社会をめざして

日本では、二〇二〇年開催予定の東京オリンピックを前にして、動物保護、とくに「犬猫の殺処分ゼロ」を目標にした活動が活発に展開されつつある。

環境省は、二〇一四年に「犬猫の殺処分ゼロの行動計画」を立て、数値目標を掲げ各自治体へ協力を求めている。行政主導・公的機関の動物保護活動だけでなく、民間レベルでも積極的に「犬猫の殺処分ゼロ」「化粧品のための動物実験廃止」「毛皮を着ることへの反対運動」などさまざまなアクションが取り組まれている。

多くの著名人が呼びかけ人として名を連ねる「TOKYO ZEROキャンペーン」のように、社会にインパクトを与えるものも多い。もちろん、動物保護団体の地道な活動も忘れてはならない。市民ひとりひとりがそのような取り組みに参加していくことで、意識変化も期待できるであろう。

体系的な動物保護法や理想的な保護施設のある動物保護先進国ドイツと、オリンピック開催を契機に野犬殺処分ゼロプログラムを首都アテネから実施していった動物保護新興国ギリシャ。両国と日本を比較しながら、どうしたら日本でも動物保護を強化し、犬猫の殺処分ゼロや、動物実験規制ができるのか検討しておきたい。

人と動物の共生

日本社会の一部では、まだ「子犬・子猫神話」が根強く、小さくてかわいい犬や猫が好まれる傾向が強い。血統書付きの犬や猫にこだわる人もいる。テレビ番組や雑誌のペット特集などにおいても、飼い主の義務や責任は二の次だ。経済効果が優先され、流行の犬種、猫種など、つくられた感のあるペットブームが演出されている。そもそも、犬猫を飼う際、ペットショップ以外の経路があまり知られていない。結果、モノを購入する感覚で、安易にペットショップなどから動物を飼ってしまうという現状がある。

この背景として、「人と動物の共生」という発想より「愛らしい」「高価なアクセサリー」という感覚が市民の心をとらえがちであることも挙げられるだろう。このあたりは、啓発活動によって動物保護の重要性、人と動物との良い関係性をどう築いていけるのかを粘り強く伝えていくことが大切である。

子犬や子猫でなくても、血統書付きの犬や猫でなくても、毎日の生活を共にして、かかわり合うことによって「家族の一員」となっていくだろうし、人と動物はたがいに支え合う関係性を築くことができるはずだ。

殺処分ゼロ実現に不可欠な法規制

日本の殺処分問題を考えるうえでは、子犬、子猫の流通過程の不透明さをその要因のひとつとして挙げざるを得ない。どういう過程を経て子犬や子猫が消費者（飼い主）に届けられているのか、きわめて不明瞭である。「子犬や子猫の競り市（オークション）」の存在、何回も繁殖を強要されている問題、またそれとも関係するが悪質なブリーダーが劣悪な環境で引き取ってきた犬や猫を保持している問題がある。まずはこのような問題をはらむ闇の流通過程をさらけだし、法的に規制していくことが必要である。

次に、何度も繁殖できないように繁殖を制限し、犬や猫などが入れられるケージの広さに基準となる数値（ドイツ並かそれに準ずる数値）を設定することを法的に定めるべきである。違反者には、法的に罰則を設けることにより実効性を高める必要がある。これによって、実質的にペットショップでの生体販売はできなくなるであろう。なぜなら、採算がとれないからである。

さらに、日本でも犬猫などの「五六日規制（八週齢規制）」を早期に実現すべきである。これはドイツなどでは、当然の規制である。そして、ブリーダーやペットショップを登録制から許可制にすべきである。ドイツなどでは、資格がある者しかブリーダーや動物取扱業を営むことはできないし、許可制がとられている。

ギリシャでも二〇〇三年、犬の五六日規制や繁殖の制限、動物取扱業の許可制（ライセンス制）などは法律化されている。また二〇一二年と二〇一四年の動物保護管理法の法改正で、飼育条件の細則が定められ、違反に対する罰則が強化された。生体販売数についての客観的な推移データはないが、法改正後、ギリシャ全国で店頭において生体販売をするペットショップは年々減っていき、現時点においては、ほぼ見当たらなくなった。日本も、飼い主のいない動物の殺処分をなくすためには、法規制に向けて舵を切らなければならない。また安易な飼育放棄をなくすためには、マイクロチップなどによる犬猫のＩＤ登録も飼い主の義務として飼育条件の細則に定めるべきであろう。

ただ動物保護先進国の多い欧州でも、東欧などでモノのように〝大量生産〟された子犬や子猫が、数カ国において闇で流通されている実態があるので、欧州全域、あるいは世界規模でそういった流通過程を規制し、罰則を強化する必要性が叫ばれている。

動物保護先進国ドイツは、原則「殺処分ゼロ」である。日本ではこの点が強調され、美化されている面もある。しかしドイツでは、狩猟法にもとづき狩猟動物を保護する目的で、狩猟ができる地域において犬や猫を駆除できるという事実は伝えておかないと公平ではないであろう。州によっては、駆除された犬猫の数を公表しているが、全国的な統計がない（遠藤真弘「諸外国における犬猫殺処分をめぐる状況――イギリス、ドイツ、アメリカ」『調査と情報』八三〇、国立国会図書館調査及び立法考査局、二〇一四年）。相当数の犬や猫が駆除されている。ドイツ連邦動物保護同盟は、狩猟法によるこの駆除を批判しており、狩猟法の改正を求めている。

行政と民間、相互支援の強化

日本では、不妊・去勢手術やシェルターなどに対する行政の支援を強化することも、大きな課題だ。たとえば、地域市民や大学関係者が、地域猫や大学猫の活動をサポートしていくことは意味があるが、一部のボランティアに支えられているのでは限界もある。不妊・去勢手術への公的支援はたいへん重要なものとなる。

ドイツでは、財政的に厳しい状況におかれているティアハイムに対して、公的支援が強化されている。財政危機のギリシャで、アテネ市の動物保護プログラムが機能しているのには、行政と民間の動物保護団体などとの協力関係が大きく影響している。アテネ市の動物保護課だけでは、人手や資金が圧倒的に不足していることから、民間の動物保護団体や個人ボランティアの人びとの労働力、民間企業の経済的支援に助けられている。

アテネ市の動物保護課は譲渡会にも力を入れているが、その動物たちは同時に民間の動物保護団体にも登録されており、新しい飼い主を見つけていく機会を増やしている。譲渡会も民間の企業や団体の協力で、都心の広場やショッピングモールなど、開かれた空間で行われている。保護課の職員やボランティアの人びとがトリミングなどをして、動物たちの〝身だしなみ〟にも気を配る。賑わいのある、明るい雰囲気の開催場所を選ぶことや、動物たちの外見を整えることは、そのような配慮をしない場合に比べ、一定の効果があるという。

日本において百貨店などでの譲渡会は、衛生面などの規制で難しいようだが、開催されている例もある。飼い主を必要とする動物たちに目をとめてくれる人びとの数は多いに越したことはない。多くの企業が、行政や民間の動物保護団体の譲渡会に理解を示して、場所の提供などをしてくれるように、協力を働きかけていくことが肝要だ。

日本の動物愛護センターをドイツのティアハイムのような動物保護施設に変えていくべきだという意見も多い。基本的にこの意見を支持したいが、問題は、土地と資金をどう捻出するかである。ドイツのティアハイムは、民間施設であり、日本と比べて広大な土地のうえに建てられている。日本の動物愛護センターは、公的施設であり、それに見合った広さではない。したがって、多くの動物を収容するためには大半の動物愛護センターを拡張しなければならないだろう。施設拡張と保護動物を養う予算をどう確保するのか、きわめて難しい課題が浮かび上がる。

ギリシャの例から考えると、アテネ市動物保護課の責任者が語ったように、年間を通して気候が穏やかな地方都市ならば、特区を設けて野犬をＴＮＲと交通訓練の後、捕獲した路上に放して地域犬とする保護プログラムを試験的に行ってみるのはどうだろうか。

いかに動物実験を規制すべきか

日本では動物実験の実施が実験者（実験主体者）の自主規制に委ねられている。しかも、どれくらいの数の実験が、どのような動物を使用して行われているのか、またどのような実験が行われているのか不透明な面が多い。

ドイツでは、動物保護法に、動物実験が許認可されるまでのプロセスが定められている。ここではあらためて繰り返さないが、ドイツでは基本的に行政が動物実験を管理しているのである。ドイツ動物保護法では、三Ｒの原則が義務として定められており、安易な動物実験ができにくい仕組みになっている。また関係省庁が、動物実験に関してどれくらいの数の実験が行われ、どのような動物を使用したのかなども公表している。その意味では、透明性・公開性が確保されている。

日本でも、せめて動物実験施設を届出制にして、動物実験に関して行政（関係省庁、都道府県など）へ報告させる仕組みをつくるべきである。そして動物実験の代替法をこれまでよりいっそう開発し、できるだけ動物実験を減らしていく方策を模索するべきだ。また動物愛護管理法第四一条を改正し、実験の代替法と実験の削減も配慮原則から義務規定にするべきである。その際に、義務違反に対する罰則も設けなければならない。化粧品のための動物実験は、大手化粧品会社では中止・廃止する方向になっているが、これも動物愛護管理法で禁止条項を定めるべきである。ＥＵやドイツでは禁止されている。まずは当面できるところから動物実験規制を行っていき、国民・市民の動物実験への関心を高めていくことが課題となっていくであろう。

動物問題を気軽に議論する

本書では、殺処分と動物実験規制に絞って動物保護をあつかってきたが、イルカ漁、クジラ漁、肉食などの食文化をめぐる問題、毛皮の問題、動物園、水族館の在り方など、検討すべき課題は山積している。

欧州と比較して、日本社会では議論を開始して意見が食い違うと、敵対関係が生じたり、人間関係が悪化する傾向がある。そのような状況が起こりやすいため、議論すること自体を避ける風潮があるのではないかと感じることが多い。そこは欧州とは違う社会の特徴であるといえよう。

アテネ市はオリンピックを前にして、「人間の都合で動物を排除し、大量に殺処分するのは正当化できることではない」と野犬の保護と管理を決断した。ギリシャ人は〝議論好き〟という国民性もあるには違いないが、その際、殺処分派の人びととも議論を重ね、粘り強く話し合いを持った。「食肉用に大量に動物を殺害しているのだから、殺処分だって同じだ」という意見がよく出てきたという。これは食文化や宗教などにも絡んでくるデリケートな問題ではあるが、「命を命につないでいくための死と、愛玩動物として〝大量生産〟されて捨てられた末の殺処分は、はたして本当に同じ死なのだろうか」という点を繰り返し話し合ったという。

動物実験、肉食、毛皮など、動物をめぐる問題は広がっていくが、日本で動物保護活動をしている人たちのなかには、菜食主義者ではないと動物保護をする資格がないという考えの人もいた。ギリシャで取材をした動物保護団体には、徹底した菜食主義の人もいるし、肉食はするが犬猫の殺処分や不必要な動物実験には反対だというように、さまざまな意見の人びとがいる。いわば、「動物の権利」論と「動物の福祉」論が交錯し、激しい議論をしつつも、わだかまりを持たずに一緒に活動している。

気軽に意見を交わして、どこまでを許容するかという線引きは異なっても、まずは動物保護に関心のある市民ひとりひとりが、改善すべきだと思うところから声をあげ、柔軟な協力体制を築いていくことが重要ではないだろうか。

二〇一八年一月　浅川千尋・有馬めぐむ

おすすめ DVD 紹介

(年はドキュメンタリー公開の年)

『いのちの食べかた』

ニコラウス・ゲイハルター（監督），紀伊國屋書店，2007 年

日本だけでも 1 年間で食べる肉の量は，300 万トン。だれもが毎日食べている大量の肉。肉になる家畜は，どこで生まれどのように育てられ，どのように肉になり売られていくのか。このドキュメンタリーは，家畜が生み出すさまざまな食品がどのように生産・販売・消費されていくのかを淡淡と描いている。動物の命と食文化を考えるうえで必見。

『犬と猫と人間と』

飯田基晴（監督），紀伊國屋書店，2009 年

長年捨て猫を世話してきたおばあさんと出会った監督自身が，ペット大国日本の現状を学んでいく過程を撮った。犬猫が殺処分されている現場に出会い，ペットが必ずしも幸せに暮らせないことに衝撃を受ける。他方で，野良猫の不妊手術をする獣医師や世話をする多くの人びとにも出会う。自らの体験を映し，動物保護の現状を明るみに出す秀逸な作品。

『犬と猫と人間と 2　動物たちの大震災』

宍戸大裕（監督），紀伊國屋書店，2013 年

上記作品の続編で，飯田基晴はプロデューサーとしてかかわった。東日本大震災後，放射性物質によって汚染された地域で置き去りにされた犬や猫に，食事や水を与えている人びとの姿を描く。震災後の動物たちがいかに悲惨な状況に置かれているのか。現状から目を背けてはいけないことを私たちに教えてくれる。

参考にした本

青木人志『動物の比較法文化――動物保護法の日欧比較』有斐閣，2002 年
――――『日本の動物法　第 2 版』東京大学出版会，2016 年
浅川千尋『国家目標規定と社会権――環境保護，動物保護を中心に』日本評論社，2008 年
伊勢田哲治『動物からの倫理学入門』名古屋大学出版会，2008 年
板倉聖宣『生類憐みの令――道徳と政治』仮説社，1992 年
上野吉一・武田庄平編『動物福祉の現在――動物とのより良い関係を築くために』農林統計出版，2015 年
打越綾子『日本の動物政策』ナカニシヤ出版，2016 年
大岳美帆『子犬工場――いのちが商品にされる場所』WAVE 出版，2015 年
太田匡彦『犬を殺すのは誰か――ペット流通の闇』朝日文庫，2013 年
グレーフェ彧子『ドイツの犬はなぜ幸せか――犬の権利，人の義務』中公文庫，2000 年
黒澤泰『「地域猫」のすすめ――ノラ猫と上手につきあう方法』文芸社，2005 年
サンスティン，C. R.／ヌスバウム，M. C. 編『動物の権利』安部圭介・山本龍彦・大林啓吾監訳，尚学社，2013 年
シンガー，P.『動物の解放　改訂版』戸田清訳，人文書院，2011 年
高田敏・初宿正典編訳『ドイツ憲法集（第 7 版）』信山社出版，2016 年
高槻成紀編『動物のいのちを考える』朔北社，2015 年
東京弁護士会公害・環境特別委員会編『動物愛護法入門――人と動物の共生する社会の実現へ』民事法研究会，2016 年
――――『動物愛護法入門〔第 2 版〕――人と動物の共生する社会の実現へ』民事法研究会，2020 年
ドゥグラツィア，D.『動物の権利』戸田清訳・解説，岩波書店，2003 年
動物愛護論研究会編『改正動物愛護管理法Q＆A』大成出版社，2006 年
NEKO-PICASO『大学猫のキャンパスライフ』雷鳥社，2008 年
野上ふさ子『新・動物実験を考える――生命倫理とエコロジーをつないで』三一書房，2003 年
福田直子『ドイツの犬はなぜ吠えない？』平凡社新書，2007 年

第三十五条　犬及び猫の引取り

1　都道府県等（都道府県及び指定都市，地方自治法第二百五十二条の二十二第一項の中核市（以下「中核市」という。）その他政令で定める市（特別区を含む。以下同じ。）をいう。以下同じ。）は，犬又は猫の引取りをその所有者から求められたときは，これを引き取らなければならない。ただし，犬猫等販売業者から引取りを求められた場合その他の第七条第四項の規定の趣旨に照らして引取りを求める相当の事由がないと認められる場合として環境省令で定める場合には，その引取りを拒否することができる。

第四十条　動物を殺す場合の方法

1　動物を殺さなければならない場合には，できる限りその動物に苦痛を与えない方法によつてしなければならない。

第四十一条　動物を科学上の利用に供する場合の方法，事後措置等

1　動物を教育，試験研究又は生物学的製剤の製造の用その他の科学上の利用に供する場合には，科学上の利用の目的を達することができる範囲において，できる限り動物を供する方法に代わり得るものを利用すること，できる限りその利用に供される動物の数を少なくすること等により動物を適切に利用することに配慮するものとする。

2　動物を科学上の利用に供する場合には，その利用に必要な限度において，できる限りその動物に苦痛を与えない方法によつてしなければならない。

第四十四条

1　愛護動物をみだりに殺し，又は傷つけた者は，二年以下の懲役又は二百万円以下の罰金に処する。

2　愛護動物に対し，みだりに，給餌若しくは給水をやめ，酷使し，又はその健康及び安全を保持することが困難な場所に拘束することにより衰弱させること，自己の飼養し，又は保管する愛護動物であつて疾病にかかり，又は負傷したものの適切な保護を行わないこと，排せつ物の堆積した施設又は他の愛護動物の死体が放置された施設であつて自己の管理するものにおいて飼養し，又は保管することその他の虐待を行つた者は，百万円以下の罰金に処する。

3　愛護動物を遺棄した者は，百万円以下の罰金に処する。

4　前三項において「愛護動物」とは，次の各号に掲げる動物をいう。

一　牛，馬，豚，めん羊，山羊，犬，猫，いえうさぎ，鶏，いえばと及びあひる

二　前号に掲げるものを除くほか，人が占有している動物で哺乳類，鳥類又は爬虫類に属するもの

（「動物の愛護及び管理に関する法律」『電子政府の総合窓口（e-Gov）』2017 年 11 月 29 日閲覧，http://elaws.e-gov.go.jp/search/elawsSearch/elaws_search/lsg0500/detail?lawId=348AC1000000105&openerCode=1）

じ。）の取扱業（動物の販売（その取次ぎ又は代理を含む。次項，第十二条第一項第六号及び第二十一条の四において同じ。），保管，貸出し，訓練，展示（動物との触れ合いの機会の提供を含む。次項及び第二十四条の二において同じ。）その他政令で定める取扱いを業として行うことをいう。以下この節及び第四十六条第一号において「第一種動物取扱業」という。）を営もうとする者は，当該業を営もうとする事業所の所在地を管轄する都道府県知事（地方自治法（昭和二十二年法律第六十七号）第二百五十二条の十九第一項の指定都市（以下「指定都市」という。）にあつては，その長とする。以下この節から第五節まで（第二十五条第四項を除く。）において同じ。）の登録を受けなければならない。

3　第一項の登録の申請をする者は，犬猫等販売業（犬猫等（犬又は猫その他環境省令で定める動物をいう。以下同じ。）の販売を業として行うことをいう。以下同じ。）を営もうとする場合には，前項各号に掲げる事項のほか，同項の申請書に次に掲げる事項を併せて記載しなければならない。

一　販売の用に供する犬猫等の繁殖を行うかどうかの別

二　販売の用に供する幼齢の犬猫等（繁殖を併せて行う場合にあつては，幼齢の犬猫等及び繁殖の用に供し，又は供する目的で飼養する犬猫等。第十二条第一項において同じ。）の健康及び安全を保持するための体制の整備，販売の用に供することが困難となつた犬猫等の取扱いその他環境省令で定める事項に関する計画（以下「犬猫等健康安全計画」という。）

第二十一条の四　販売に際しての情報提供の方法等

第一種動物取扱業者のうち犬，猫その他の環境省令で定める動物の販売を業として営む者は，当該動物を販売する場合には，あらかじめ，当該動物を購入しようとする者（第一種動物取扱業者を除く。）に対し，当該販売に係る動物の現在の状態を直接見せるとともに，対面（対面によることが困難な場合として環境省令で定める場合には，対面に相当する方法として環境省令で定めるものを含む。）により書面又は電磁的記録（電子的方式，磁気的方式その他人の知覚によつては認識することができない方式で作られる記録であつて，電子計算機による情報処理の用に供されるものをいう。）を用いて当該動物の飼養又は保管の方法，生年月日，当該動物に係る繁殖を行つた者の氏名その他の適正な飼養又は保管のために必要な情報として環境省令で定めるものを提供しなければならない。

第二十二条の四　終生飼養の確保

犬猫等販売業者は，やむを得ない場合を除き，販売の用に供することが困難となつた犬猫等についても，引き続き，当該犬猫等の終生飼養の確保を図らなければならない。

第二十二条の五　幼齢の犬又は猫に係る販売等の制限

犬猫等販売業者（販売の用に供する犬又は猫の繁殖を行う者に限る。）は，その繁殖を行つた犬又は猫であつて出生後五十六日を経過しないものについて，販売のため又は販売の用に供するために引渡し又は展示をしてはならない。

巻末資料――「動物愛護管理法」条文抜粋

第一条　目的

この法律は，動物の虐待及び遺棄の防止，動物の適正な取扱いその他動物の健康及び安全の保持等の動物の愛護に関する事項を定めて国民の間に動物を愛護する気風を招来し，生命尊重，友愛及び平和の情操の涵養に資するとともに，動物の管理に関する事項を定めて動物による人の生命，身体及び財産に対する侵害並びに生活環境の保全上の支障を防止し，もつて人と動物の共生する社会の実現を図ることを目的とする。

第二条　基本原則

1　動物が命あるものであることにかんがみ，何人も，動物をみだりに殺し，傷つけ，又は苦しめることのないようにするのみでなく，人と動物の共生に配慮しつつ，その習性を考慮して適正に取り扱うようにしなければならない。
2　何人も，動物を取り扱う場合には，その飼養又は保管の目的の達成に支障を及ぼさない範囲で，適切な給餌及び給水，必要な健康の管理並びにその動物の種類，習性等を考慮した飼養又は保管を行うための環境の確保を行わなければならない。

第七条　動物の所有者又は占有者の責務等

1　動物の所有者又は占有者は，命あるものである動物の所有者又は占有者として動物の愛護及び管理に関する責任を十分に自覚して，その動物をその種類，習性等に応じて適正に飼養し，又は保管することにより，動物の健康及び安全を保持するように努めるとともに，動物が人の生命，身体若しくは財産に害を加え，生活環境の保全上の支障を生じさせ，又は人に迷惑を及ぼすことのないように努めなければならない。
4　動物の所有者は，その所有する動物の飼養又は保管の目的等を達する上で支障を及ぼさない範囲で，できる限り，当該動物がその命を終えるまで適切に飼養すること（以下「終生飼養」という。）に努めなければならない。
5　動物の所有者は，その所有する動物がみだりに繁殖して適正に飼養することが困難とならないよう，繁殖に関する適切な措置を講ずるよう努めなければならない。

第八条　動物販売業者の責務

1　動物の販売を業として行う者は，当該販売に係る動物の購入者に対し，当該動物の種類，習性，供用の目的等に応じて，その適正な飼養又は保管の方法について，必要な説明をしなければならない。

第十条　第一種動物取扱業の登録

1　動物（哺乳類，鳥類又は爬虫類に属するものに限り，畜産農業に係るもの及び試験研究用又は生物学的製剤の製造の用その他政令で定める用途に供するために飼養し，又は保管しているものを除く。以下この節から第四節までにおいて同

著者紹介

浅川千尋（あさかわ　ちひろ）
天理大学名誉教授。1991年大阪大学大学院法学研究科博士後期課程単位取得満期退学。ドイツを主な研究対象とし，日本と比較しながら動物保護や環境保護を研究。趣味は，テニス，ドイツビール，元捨て猫の飼い猫4匹と戯れること。主著に『国家目標規定と社会権——環境保護，動物保護を中心に』（日本評論社，2008年），『動物愛護ってなに？——知っておきたいペットと動物愛護管理法』（PHP研究所，2021年，監修）など。

有馬めぐむ（ありま　めぐむ）
フリーランスライター。1995年白百合女子大学文学部卒業後，出版社で記者職を経験。国際会議コーディネートの仕事でギリシャに滞在後，2007年よりアテネ在住。ギリシャの観光情報やライフスタイル，財政危機問題，難民問題，動物保護など，多角的に日本のメディアに発信中。趣味は，映画鑑賞，街の散策，元地域猫の飼い猫と遊ぶこと。主著に『「お手本の国」のウソ』（新潮新書，2011年，共著）など。

動物保護入門——ドイツとギリシャに学ぶ共生の未来

2018年4月25日　第1刷発行　　定価はカバーに
2025年2月28日　第4刷発行　　表示しています

著　者　浅　川　千　尋
　　　　有　馬　め　ぐ　む

発行者　上　原　寿　明

世界思想社
京都市左京区岩倉南桑原町56　〒606-0031
電話　075(721)6500
振替　01000-6-2908
http://sekaishisosha.jp/

（印刷　太洋社）

ISBN978-4-7907-1718-8

『動物保護入門』の
読者にお薦めの本

人、イヌと暮らす　進化、愛情、社会

長谷川眞理子

進化生物学者と心理学者の夫婦の家に，真っ白な可愛い子犬がやってきた。名前はキクマル。続いて，やんちゃないたずらっ子コギク，可愛いわがまま娘マギー。３頭３様，個性の違う彼らとともに暮らして学んだことをつづる。科学×愛犬エッセイ。
定価 1,700 円（税別）

食べることの哲学

檜垣立哉

ブタもクジラも食べるのに，イヌやネコはなぜ食べないのか？宮澤賢治「よだかの星」など食をめぐる身近な素材を，フランス現代哲学と日本哲学のマリアージュで独創的に調理し，濃厚な味わいに仕上げたエッセイ。食の隠れた本質に迫る逸品。
定価 1,700 円（税別）

カヤネズミの本　カヤネズミ博士のフィールドワーク報告

畠佐代子

人と野生動物との共生への道しるべ。減少し続ける日本の草原や水辺など身近な自然を尋ね歩いて出会う小さな命，絶滅の危険度が高まるカヤネズミの生態を知ることから保護活動は始まる。愛くるしく健気なカヤネズミたちのカラー写真多数掲載！
定価 2,200 円（税別）

定価は，2025 年 2 月現在